HISTOIRE NATURELLE

DES

COLÉOPTÈRES

DE FRANCE

PAR

E. MULSANT

Bibliothécaire-adjoint de la ville de Lyon,
Professeur d'histoire naturelle au Lycée,
Correspondant du ministère de l'Instruction publique.
Président de la Société Linnéenne, etc.

ET

Cl. REY

Membre des Sociétés Linnéenne et d'Agriculture de Lyon, etc.

IMPROSTERNÉS — UNCIFÈRES — DIVERSICORNES SPINIPÈDES

PARIS

DEYROLLE, NATURALISTE

RUE DE LA MONNAIE, 19

—

DÉCEMBRE 1872

LYON. — IMPRIMERIE PITRAT AÎNÉ, RUE GENTIL, 4.

HISTOIRE NATURELLE

DES

COLÉOPTÈRES

DE FRANCE

PAR

E. MULSANT

Bibliothécaire-adjoint de la ville de Lyon,
Professeur d'histoire naturelle au Lycée,
Correspondant du ministère de l'Instruction publique,
Président de la Société Linnéenne, etc.

ET

CL. REY

Membre des Sociétés Linnéenne et d'Agriculture de Lyon, etc.

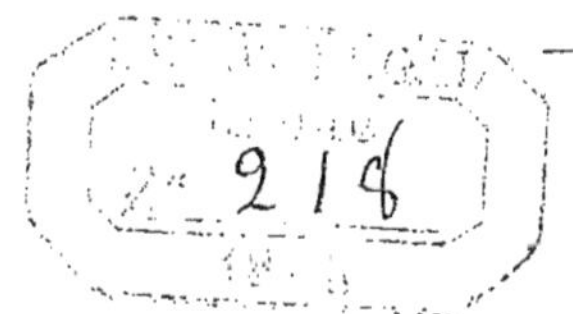

IMPROSTERNÉS — UNCIFÈRES — DIVERSICORNES SPINIPÈDES

PARIS

DEYROLLE, NATURALISTE

RUE DE LA MONNAIE, 19

DÉCEMBRE 1872

A MONSIEUR

LE BARON DE WATTEVILLE

CHEF DE BUREAU AU MINISTÈRE DE L'INSTRUCTION PUBLIQUE,

CHEVALIER DE LA LÉGION D'HONNEUR,

MEMBRE DE LA SOCIÉTÉ LINNÉENNE DE LYON, ETC.

MONSIEUR,

Les hommes dévoués à la science vous doivent beaucoup. Dans la position où vous ont élevé vos talents et vos mérites personnels, vous vous faites le Mécène des auteurs consciencieux, en signalant, à l'attention de M. le Ministre les œuvres sérieuses qui vous semblent mériter d'être encouragées par l'État. Vous laisserez une mémoire honorée chez tous les amis des sciences. Puissent ces pages, que nous aimons à abriter sous votre nom, vous offrir, avec l'expression de notre gratitude, l'assurance des sentiments profonds de respect, avec lesquels

Nous avons l'honneur d'être,

Monsieur le baron,

Vos dévoués serviteurs,

E. MULSANT et Cl. REY.

Lyon, le 8 décembre 1872.

TRIBU

DES

IMPROSTERNÉS

Caractères. *Antennes* insérées sur les côtés de la tête, sur les limites du front et de l'épistome ; de neuf articles, dont les trois derniers forment une massue ovoïde, reçue, dans le repos, dans une fossette du repli du prothorax. *Prosternum* presque nul ou réduit à un état membraneux. *Tête* longue, inclinée, inférieurement prolongée, dans l'état de repos, jusqu'à la base des pieds antérieurs ; engagée dans le prothorax comme dans une sorte de capuchon et invisible quand l'insecte est examiné perpendiculairement en dessus. *Élytres* entières, voilant complétement l'abdomen, et embrassant ordinairement les côtés du ventre. *Pieds* antérieurs rapprochés à leur naissance : les intermédiaires et plus sensiblement les postérieures notablement écartés entre eux. *Ventre* de cinq segments.

Labre corné, court. *Mandibules* courtes, cornées. *Mâchoires* à deux lobes inermes. *Palpes maxillaires* de quatre articles : les labiaux de trois. *Menton* grand, corné. *Languette* submembraneuse, faiblement trilobée.

Dans l'état de repos, la tête à face allongée de ces insectes, inclinée sur la poitrine, s'avance jusqu'à la base des hanches de devant, à la place du prosternum, annihile presque cette pièce ou la réduit à un état membraneux : de là le nom de Improsternés (1), destiné à rappeler cette particularité anormale.

(1) Qui n'a pas de prosternum.

ÉTUDE DES PARTIES EXTÉRIEURES DU CORPS

La *tête*, voilée par le prothorax, comme par un capuchon, quand l'insecte est examiné perpendiculairement en dessus, est allongée en devant, et perpendiculaire ou inclinée dans l'état de repos.

Le *front* est grand, chargé de granulations ou de lignes saillantes, parfois divisé en aréoles par celles-ci.

L'*épistome* grand, peu nettement séparé du front ou seulement par une faible dépression transverse, est ordinairement arqué en devant et voile une partie du labre.

Le *labre* est court, corné, transverse.

Les *mandibules* sont courtes, cornées, incourbées vers leur extrémité, unidentées au-dessous de celles-ci, pourvues d'une molaire à la base, et ordinairement ciliées ou pourvues d'une membrane à leur bord interne.

Les *mâchoires* ont deux lobes : l'externe, garni de poils incourbés : l'interne, plus inférieur, membraneux, cilié.

Les *palpes maxillaires* courts : de quatre articles alternativement moins courts : le dernier le plus grand, presque aussi long que les précédents réunis.

Le *menton* grand, corné.

La *languette* coriace ou submembraneuse, bilobée.

Les *palpes labiaux* courts, de trois articles : le dernier ovoïde.

Les *yeux* gros, peu saillants, situés sur les côtés de la tête, à facettes très-apparentes.

Les *antennes* courtes, situées au devant des yeux, sur les côtés de la tête, vers les limites du front et de l'épistome ; de neuf articles : les premier et deuxième globuleux : les quatre suivants plus étroits : les troisième, cinquième et sixième petits, moniliformes et serrés : le quatrième allongé : les trois derniers constituant une massue ovoïde ou subglobuleuse.

Le *prothorax* obtusément arqué ou tronqué en devant, élargi sur les côtés, subsinué vers les deux cinquièmes de ceux-ci, ventru ou dilaté en arc sur les trois cinquièmes de ses bords latéraux ; en arc ou en angle très-ouvert et dirigé en arrière à la base ; plus large à celle-ci que long sur sa ligne médiane ; convexe ; à surface inégale, creusée de sillons, de fossettes, et chargée de reliefs ou parties saillantes, variables suivant les espèces ; creusé sur son repli d'une fossette pour loger, dans le repos, la massue des antennes.

L'*écusson* très-petit, souvent peu ou point distinct.

Les *élytres* parfois un peu plus larges à leur base que le prothorax à ses angles postérieurs, mais souvent pas plus larges que lui ; mais subitement élargies en ligne plus ou moins obliquement longitudinale après l'angle huméral ; inclinées sur les côtés qui sont peu visibles quand l'insecte est examiné perpendiculairement en dessus ; paraissant alors subparallèles ou faiblement rétrécies jusqu'aux trois cinquièmes de leur longueur, puis fortement rétrécies et sinuées avant l'extrémité, qui se prolonge en arrière en une sorte de lobe commun aux deux étuis ; de moitié ou de deux tiers plus longues que le prothorax ; peu ou médiocrement convexes sur le dos ; convexement déclives sur les côtés et sur leurs deux cinquièmes postérieurs ; chargées chacune d'un calus huméral prononcé ; à surface variable suivan les espèces.

Le *repli des élytres* très-large, embrassant assez fortement les côtés de l'abdomen ; tantôt graduellement rétréci jusqu'à l'angle sutural, ou anguleux à son côté interne près de cet angle, tantôt dilaté sur les côtés de la poitrine et brusquement plus étroit sur les côtés du ventre, il offre dans ces diverses configurations des caractères négligés jusqu'à ce jour pour la distinction des espèces.

Les *ailes* existent sous les élytres, mais paraissent le plus souvent peu propres à servir au vol.

Le *dessous du corps* toujours intéressant à étudier chez les insectes, surtout chez les Coléoptères, fournit souvent les caractères les plus importants pour la vie de relation.

Le *prosternum*, rendu presque nul par la place qu'occupe la partie inférieure de la tête, dans l'état de repos, est réduit à un état pour ainsi dire membraneux. Les *mésosternum* et *métasternum* sont larges : celui-ci est avancé vers la base des hanches intermédiaires.

Les *postépisternums* sont linéaires et souvent voilés, au moins en partie, par le bord interne du repli des élytres. Les *épimères postérieures* sont petites.

Le *ventre* offre cinq segments, peu mobiles : le premier, le plus grand, avancé entre les hanches postérieures, plus largement séparées entre elles que les autres ; il est séparé ordinairement du second par une dépression de forme variable suivant les espèces : les deuxième, troisième et quatrième sont courts, souvent convexement saillants ; le cinquième, plan, assez grand.

Les *pieds* sont assez allongés. Les *hanches* de devant cylindro-coniques : les intermédiaires ovalaires : les postérieures transverses. Les *cuisses* dépassent, à leur extrémité, les côtés du corps : les antérieures sont renflées à leur base et graduellement rétrécies ensuite ; tranchantes sur leur arête inférieure, pour recevoir, au devant de celle-ci, la jambe dans l'état de flexion. Leur *trochanter* est dilaté, arrondi en devant, en forme de disque ou de bouclier. Les autres cuisses sont assez grêles, d'une grosseur presque uniforme et sillonnées sur leur tranche inférieure.

Les *jambes* sont très-finement denticulées sur leur tranche externe : les antérieures un peu anguleusement dilatées ou arquées sur la dite tranche : les autres, droites, faiblement élargies de la base à l'extrémité.

Tarses de longueur médiocre ; simples ; de quatre articles : le premier un peu moins long ou presque aussi long que les deux suivants réunis : les deuxième et troisième courts : le dernier, le plus long, terminé par deux ongles simples.

MOEURS ET HABITUDES

Les larves des insectes de cette tribu, en raison, sans doute, de l'exiguïté de la taille de ces Coléoptères et de l'intérêt médiocre que la plupart des entomologistes attachent à ces mirmidons, sont encore peu connues.

Dans leur état parfait, nos IMPROSTERNÉS habitent les lieux humides, les bords des eaux principalement dormantes. Ils y vivent le plus souvent enfouis dans la terre ou la vase, ou cachés dans les détritus des plantes. Ils semblent s'y nourrir de matières végétales et peut-être aussi des molécules animales éparses dans leur domaine.

Dès qu'ils sont agités de quelque crainte, ils inclinent profondément la tête jusqu'à la base de leurs hanches antérieures en voilant la partie prosternale qui se trouve presque annihilée, contractent leurs pieds antérieurs, dont les cuisses servent à protéger alors les organes de la bouche, et attendent, dans cette position, que le calme se soit fait autour d'eux.

La nature, en leur donnant des ailes incomplétement développées, les

^a privés de la faculté d'émigrer à de longues distances et d'échapper, par le vol, aux dangers dont ils sont menacés. Cependant, elle ne les a pas tout à fait abandonnés sans défense à leurs ennemis. Elle leur a donné la faculté de se cacher aux yeux de ceux-ci en couvrant leur robe obscure d'une couche de poussière ou de grains de sable, retenus sur leur corps par une certaine viscosité transsudant de ce dernier.

Grâce à cette sorte de domino ils échappent plus facilement aux regards des êtres capables de leur nuire, et peut-être, dans leur retraite obscure, trouvent-ils le bonheur, qui se plaît d'ordinaire près de ceux qui fuient l'éclat et se contentent d'une existence modeste et tranquille.

HISTORIQUE

1794. Rossi, le premier, dans le second volume de sa *Mantissa*, a fait connaître l'une des espèces de cette petite tribu, et lui donna un rang convenable, en la plaçant parmi ses Byrrhes, avec lesquels elle a de nombreux rapports.

1798. Fabricius, dans le *Supplément à son Entomologie systématique*, moins bien inspiré, colloqua cette même espèce dans son genre *Pimelia*.

1799. Panzer, par une erreur non moins grande, la fit entrer dans le genre *Trox*.

1802. Illiger, dans le deuxième volume de son *Magasin pour la connaissance des insectes*, observa qu'en raison du nombre des articles des tarses, cet insecte semblait se rapprocher des Brachycères (tribu des Porte-becs), et, dans le sixième volume du même ouvrage (1807), il indiqua, sous le nom de *Cotammistes*, une coupe générique, destinée à renfermer la *Pimelia pygmaea* de Fabricius, mais sans indiquer les caractères de cette coupe.

1809. Latreille, dans l'Appendice placé à la fin du quatrième volume de son *Genera*, créa le genre *Georissus* (1), en donna les caractères et signala l'affinité de cette coupe avec les Byrrhes, les Elmis et les Hétérocères. Depuis cette époque, les entomologistes ont, en général, adopté sa manière de voir.

(1) Indiqué, dit-on, par Andersch. (Voy. LATREILLE, Nouv. Dict. d'Hist. Nat., t. XIII § 17), p. 96.

1810. Dans ses *Considérations sur l'ordre naturel des Crustacées, des Arachnides et des insectes*, il fit entrer ses Géorisses dans sa famille des Byrrhiens.

1815. Leach, dans le t. IX de l'Encyclopédie d'Édimbourg, suivit cet exemple.

1817. Latreille, dans le t. III de la première édition du *Règne animal* de Cuvier, plaça les Géorisses à la fin de la première section de la famille des Clavicornes, après les Elmis et les Macronyques et avant les Dryops, colloqués dans la seconde section.

1821. Dejean, dans son Catalogue, admit les Géorisses dans ses Clavicornes, entre les *Limnichus* et les *Elmis*.

1825. Latreille, dans ses *Familles naturelles*, constitua avec les Hétérocères, les Potamophiles, les Dryops, les Elmis, les Macronyques et les Géorisses, sa tribu des *Macrodactyles*, la sixième et dernière de la famille des Clavicornes, instituée en 1806 par Duméril, dans sa *Zoologie analytique*.

1829. Dans la seconde édition du *Règne animal*, Latreille continua à laisser les Géorisses à la même place, dans sa tribu des *Macrodactyles*, à laquelle il substitua le nom de *Leptodactyles*, tribu dont il détacha les Hétérocères, pour en faire la tribu des *Acanthopodes*.

1829. La même année, Stephens, dans le deuxième volume de ses *Illustrations of british Entomology*, adoptant les idées émises par Mac-Leay dans ses *Annulosa javanica*, ajoutait aux familles des *Hétérocérides*, et des *Parnides* celle des *Limnides* (*Georyssus* et *Elmis*), suivies de celle des *Byrrhides*.

1838. M. Heer, dans sa *Faune des Coléoptères de l'Helvétie*, le premier, constitua avec nos Improsternés, sa famille des Géoryssides, placée en tête de sa classe des Palpicornes.

1839. M. Westwood, dans son *Introduction to the modern Classification of Insects*, suivit la marche de Mac-Leay et ne fit des *Limnides* de Stephens qu'une sous-famille de celle des *Parnides*.

1845. M. Redtenbacher, dans ses *Genres de la Faune des Coléoptères d'Allemagne* (*die Gattungen der Deutschen Kaefer-Fauna*), forma de nos *Improsternés*, sous le nom de *Géoryssides*, une famille particulière entre celle des *Dermestides* et celle des *Byrrhides*.

1847. Érichson, dans son *Histoire Naturelle des Insectes d'Allemagne*, adopta la famille des *Géoryssides* et la plaça, comme Dejean, entre les

Limnichus et la famille des *Parnides*, dans laquelle il englobait les *Elmis*, à l'exemple de M. Westwood.

J. du Val, Lacordaire et M. Redtenbacher, dans la dernière édition de sa *Faune*, ont suivi la même manière de voir.

Cette petite tribu est réduite jusqu'à présent à la famille des GÉORISSIENS, ne comprenant que le genre suivant.

Genre *Georissus* (1), GÉORISSE, Latreille.

Latreille, Genera, t. IV (1809), p. 378.

(γῆ terre; ὀρύσσω, je creuse.)

CARACTÈRES. Ils sont suffisamment indiqués dans les détails donnés précédemment.

Les Géorisses sont de petits insectes brièvement ovalaires, paraissant un peu ventrus vers la moitié des élytres, par suite du rétrécissement très-marqué que présentent ces dernières, à partir de ce point jusqu'à l'extrémité, qui semble se prolonger en une sorte de lobe commun aux deux étuis.

Tableau des espèces de France :

A Prothorax inégal, chargé de reliefs ou creusé de dépressions sur les deux tiers postérieurs de son disque.
  b Repli des élytres graduellement rétréci jusqu'à l'extrémité. Élytres chargées de rangées longitudinales de granulations, dont les deuxième et quatrième rangées sont transformées en côtes saillantes. *costatus.*
  bb Repli des élytres dilaté sur les côtés de la poitrine, brusquement plus étroit sur ceux du ventre.
    c Élytres chargées chacune de trois côtes, séparées entre elles par des intervalles larges, garnis de petites granulations presque disposées sur trois rangées. Repli des élytres divisé en deux aréoles par des nervures lisses. *cœlatus.*
    cc Élytres rayées de stries ou sillons étroits, séparés par des intervalles étroits, convexes, obsolètement granuleux. Repli des élytres offrant,

(1) Nous conserverons à ce nom générique l'orthographe donnée par Latreille, quoique moins conforme à l'étymologie grecque.

sur la seconde moitié de la poitrine une dilatation extérieurement
en demi-cercle granuleux.   *laesicollis.*

AA Prothorax uni sur les deux tiers postérieurs de son disque, ou seulement rayé d'une ligne médiane.

    d Front non sillonné sur sa ligne médiane. Prothorax strié sur toute la
partie de son tiers antérieur. Écusson indistinct. Élytres marquées
de rangées striales de gros points   *crenulatus.*

    dd Front sillonné sur sa ligne médiane ; rebordé sur les côtés. Pro-
thorax peu régulièrement granuleux ou ponctué de chaque côté de
la ligne médiane de son tiers antérieur. Écusson distinct. Élytres
marquées de rangées de points plus ou moins petits.   *substriatus.*

1. Georissus costatus, CASTELNAU.

*D'un noir mat. Tête parée de quatre reliefs longitudinaux sur le front.
Élytres chargées d'une côte suturale et chacune de granulations disposées
en rangées longitudinales : les deuxième et quatrième transformées en
côtes saillantes. Repli des élytres graduellement rétréci jusqu'à l'angle
sutural.*

Georissus costatus, CASTELNAU, Hist. Nat. t. II, p. 45, 2.— LUCAS, Explor. de l'Alg.
p. 137, pl. 23, fig. 2.
Georissus sulcatus (DEJEAN), Catal. (1837), p. 145.
Georissus Latreillei, L. DUFOUR, Excurs. Entom. p. 57.

Long., 0^m,0014 à 0^m,0018 (2/3 à 4/5 l.).

Corps d'un noir mat ou peu luisant. *Tête* chargée de trois reliefs longitudinaux sur l'épistome et de quatre sur le milieu du front. *Antennes* noires,
parfois en partie brunes. *Prothorax* un peu anguleux sur la partie ventrue
de ses côtés, vers les trois cinquièmes de la longueur de ceux-ci ; muni en
devant d'un rebord lisse et faible ; faiblement granuleux sur le rebord
latéral ; à peu près sans rebord à la base ; en angle très-ouvert, dirigé en
arrière et parfois légèrement bissubsinueux de chaque côté ; convexe ;
rayé d'un sillon sur sa ligne médiane ; marqué, vers le cinquième de sa
longueur, d'une dépression transverse parallèle au bord antérieur ; strié
au devant de cette dépression ; offrant postérieurement sur son disque
trois saillies ou reliefs granuleux séparés par des sillons ou dépressions :

les deux antérieurs obliquement longitudinaux, avancés vers la dépression transverse, en convergeant vers la ligne médiane : le postérieur situé un peu au devant du milieu de la base, tuberculiforme, divisé par la ligne médiane ; chargé en outre d'un tubercule moins saillant sur la partie ventrue de ses côtés. *Écusson* peu distinct. *Élytres* pas plus larges à la base que le prothorax à ses angles postérieurs, mais élargies aussitôt après, en ligne un peu oblique, et notablement plus larges aux épaules que celui-ci à sa base ; de deux tiers plus longues que lui ; chargées chacune d'un tubercule huméral subarrondi ; paraissant, vues de dessus, subparallèles jusqu'aux trois cinquièmes, rétrécies ensuite ; médiocrement convexes sur le dos ; chargées d'une carène ou côte suturale et chacune de sept ou huit rangées longitudinales de granulations : la deuxième rangée transformée en côte saillante et presque lisse sur sa tranche : la quatrième en forme de côte crénelée ou granuleuse : la sixième et surtout la cinquième moins saillantes et granuleuses : la septième presque interrompue au tiers de la longueur des étuis. *Repli* graduellement rétréci, à rebord externe granuleux. *Dessous du corps* et *pieds* noirs ou d'un noir brun. *Poitrine* et *ventre* peu granuleux : premier arceau de celui-ci séparé du second par un sillon transverse.

Cette espèce est principalement méridionale. Elle habite le Languedoc et la Provence ; mais on la trouve aussi quelquefois sur les bords des ruisseaux du Lyonnais et du Beaujolais.

OBS. Les reliefs longitudinaux du milieu du front sont tantôt longitudinaux, tantôt convergents en arrière, parfois presque réunis en un seul. Chacun des reliefs du prothorax situés après la dépression transverse se prolonge souvent en arrière jusqu'à la base, mais en paraissant presque coupé à son côté externe, au niveau du tubercule médiaire et le prothorax paraît alors avoir postérieurement une rangée transverse de cinq tubercules granuleux : un, près de la partie ventrue de chaque côté : un, entre chacun de ceux-ci et le médiaire : celui-ci offre après lui une sorte de rebord granuleux au devant de la base. Les reliefs du disque du prothorax sont séparés du médiaire par un sillon convergent en devant, avec son pareil, vers la ligne médiane, et embrassant un peu les côtés du tubercule postérieur ou médiaire, et constituant, sur les côtés de celui-ci, une fossette plus ou moins prononcée.

M. Rosenhauer a publié dans ses Animaux de l'Andalousie (*die Thiere Andalusiens*, p. 112), sous le nom de *carinatus*, un Géorysse rapproché

du *costatus* , mais en différant , suivant l'auteur, par son corps plus larg
et plus court, par son prothorax rayé d'un sillon transversal et chargé d
granulations, par ses élytres, chargées de côtes plus saillantes et séparées
par des intervalles plus larges.

M. de Marseul, dans son Catalogue de 1863, a regardé le *G. carinatus*
comme identique avec le *costatus*. MM. Gemminger et de Harold, dans
leur Catalogue, ont considéré comme faisant deux espèces, les *G. costatus*
et *carinatus*. N'ayant pas eu sous les yeux des exemplaires authentiques
du *carinatus*, il nous est difficile d'émettre une opinion. Dans tous les cas,
le *G. carinatus*, figuré par J. DU VAL, dans son *Genera*, pl. 65, fig. 322,
nous semble ne pas différer du *costatus*.

Suivant M. de Kiesenwetter, le *Georyssus pimelioides*, FAIRMAIRE (Ann.
Soc. Ent. de Fr., 1859, p. 45, 31), est identique avec le *G. carinatus, de*
M. Rosenhauer.

2. Georissus cœlatus , ERICHSON.

D'un noir peu luisant. Front divisé, par des nervures, en trois aréoles
de chaque côté de la ligne médiane. Élytres chargées d'une côte suturale et
chacune de trois autres à arête vive, séparées par des granulations fines et
serrées, presque disposées sur trois rangées. Repli dilaté sur les côtés de
la poitrine, et divisé en deux aréoles par une nervure transversale.

Georyssus cœlatus, ERICHS. Naturg. t. II, p. 504, 4. — STURM, Deutsch. Faun. t. XVII
p. 42, 4. pl. 399, fig. c. — GEMM. ET HAROLD, Catal. t. III, p. 930.

Long., 0^m,0011 à 0^m,0013 (1/2 à 3/5 l.).

Corps d'un noir peu luisant. *Tête* chargée de lignes saillantes ou nervures, divisant l'épistome en trois aréoles, et le front en six (trois de chaque
côté de la ligne médiane). *Antennes* noires, parfois d'un rouge brunâtre.
Prothorax faiblement rebordé en devant ; muni sur les côtés d'un rebord
granuleux ; arqué en arrière et à peine rebordé à la base ; convexe ; rayé
d'un étroit sillon médiaire plus ou moins raccourci en arrière : ce sillon
bordé de chaque côté d'une ligne saillante ou relief granuleux ; marqué,
vers le tiers de sa longueur, d'une dépression transversale, ordinairement

interrompue sur la ligne médiane ; paré , sur la partie antérieure à cette
dépression, de deux ou trois reliefs de chaque côté du juxta-médiaire : ces
reliefs tantôt terminés avant, tantôt un peu après la dépression transversale ; chargé sur son disque de trois tubercules granuleux : un, de chaque
côté de la ligne médiane, entre cette ligne et le bord externe, vers les trois
cinquièmes de sa longueur : un, un peu au devant du milieu de la base,
sur lequel se termine ordinairement le sillon médiaire ; chargé près du bord
ventru de chacun des côtés d'un autre tubercule granuleux moins prononcé : chacun de ces derniers séparé du tubercule antérieur voisin par un
sillon naissant des extrémités de la dépression transversale et prolongé, en
s'incourbant, vers le tubercule postérieur. *Écusson* peu distinct. *Élytres*
comme rebordées à la base ; à peine plus larges à la base que le prothorax
à ses angles postérieurs, mais aussitôt obliquement élargies jusqu'aux
épaules ; chargées chacune d'un fort tubercule huméral ovalaire ; paraissant, vues de dessus, faiblement rétrécies depuis ces dernières jusqu'aux
deux tiers ; puis fortement rétrécies ensuite ; peu convexes chacune sur le
dos ; chargées d'une côte suturale et chacune de trois autres , à tranche
assez vive : les deux premières prolongées jusqu'à l'extrémité : la dernière raccourcie postérieurement et souvent bifurquée en devant : ces
côtes séparées par des intervalles larges, chargés de granulations fines
et serrées, séparées par des points enfoncés , disposés presque sur
trois rangées longitudinales. *Repli* relevé en rebord extérieurement, dilaté
sur les côtés de la poitrine et divisé en deux aréoles par une nervure
transverse, brusquement plus étroit sur les côtés du ventre. *Dessous du
corps* et *pieds* noirs : ceux-ci parfois bruns. *Poitrine* et *ventre* finement
granuleux : premier arceau de celui-ci séparé du second par un sillon.

Le G. *cœlatus* habite diverses parties de la France. On le trouve sur la
vase des rivières de notre département.

Obs. Cette espèce est très-distincte du G. *costatus*, par son front divisé
en trois aréoles de chaque côté de sa ligne médiane ; par ses élytres
chargées chacune de trois côtes, séparées par des intervalles larges et
presque trisérialement ponctués et finement granuleux et par son repli
des élytres dilaté sur les côtés de la poitrine.

3. Georissus laesicollis , GERMAR.

D'un noir mat. Tête chargée sur le front de quatre reliefs longitudinaux : les médiaires de moitié raccourcis en devant. Élytres rayées chacune de stries ou sillons étroits, séparés par des intervalles convexes, obsolètement granuleux. Repli dilaté sur les côtés de la poitrine, offrant sur la seconde moitié de celle-ci un demi-cercle extérieurement dirigé , formé de granulations.

Georissus laesicollis (ULRICH), GERMAR, Faun. Ins. Eur. XV, 3. — HEER, Faun. Col.
 Helv. I, p. 472, 2.— MOTSCHULSKY, Mém. de Mosc.(1843), p. 660, pl. 12, fig. 1.—
 STURM, Deutsch. Faun. t. XXII, p. 40, 3, pl. 399, fig. B. — ERICHS. Naturg. t. III,
 p. 503, 3.— L. REDTENB. Faun. Aust. p. 410. — GEMM. ET HAROLD, Catal. t. II,
 p. 931.

Long., 0^m,0011 à 0^m,0015 (1/2 à 2/3 l.).

Corps d'un noir mat. *Tête* unie sur l'épistome ; parée sur le front de quatre reliefs longitudinaux : les médiaires raccourcis en devant, souvent un peu convergents d'avant en arrière, ou recourbés en dehors à leur extrémité et unis aux externes. *Antennes* noires ou brunes. *Prothorax* sans rebord en devant, muni latéralement et à sa base d'un rebord finement granuleux ; en angle ou en arc dirigé en arrière à son bord postérieur convexe; inégal ; marqué, vers le quart de sa longueur, d'une dépression transversale, un peu arquée en devant, parallèle à son bord antérieur transformée en sillon sur les côtés ; rayé sur la partie antérieure à cette dépression d'une strie médiane bordée d'un relief : cette strie ou étroit sillon prolongé jusqu'aux trois cinquièmes de sa longueur; creusé sur son disque de trois fossettes triangulairement disposées : une ordinairement presque en losange sur le milieu de la ligne médiane : une en ove obliquement transverse, de chaque côté de la ligne médiane , un peu en devant de la base : ces deux dernières bordées postérieurement par un relief granuleux ; chargé d'une sorte de tubercule entre ces deux fossettes postérieures et d'un autre de chaque côté de la fossette antérieure; chargé d'un autre tubercule vers chacune des parties ventrues des côtés. *Écusson* peu distinct. *Élytres* pas plus larges en devant que le prothorax à ses angles postérieurs, mais brusquement élargies en ligne oblique jusqu'aux épaules ; paraissant, vues de dessus, un peu arquées sur les côtés jusqu'aux trois cinquièmes, fortement rétrécies ensuite ; médiocrement convexes sur le dos ; chargées chacune d'un calus huméral arrondi ; rayées de stries sulciformes séparées par des intervalles convexes et obsolètement granuleux : le deuxième postérieurement courbé en dehors : le troisième postérieurement uni au septième, en enclosant les quatrième à sixième. *Repli* dilaté sur les côtés de la poitrine, brusquement rétréci sur ceux du ventre ; offrant sur la seconde moitié de la poitrine son bord externe arqué presque en demi-cercle et granuleux, et presque en fossette sur son disque. *Dessous du corps* noir, presque uni ou non sensiblement granuleux sur la poitrine et sur le ventre : celui-ci, creusé sur sa partie médiane, entre le premier et le deuxième arceau, d'une fossette une fois plus large que longue. *Pieds* noirs ou bruns.

Cette espèce paraît habiter diverses parties de la France. On la trouve dans les environs de Lyon. On la prend aussi dans les débris rejetés par les eaux dans les inondations.

Obs. Le *G. laesicollis* est facile à reconnaître à ses élytres rayées de stries ou sillons étroits séparés par des intervalles convexes et granuleux ou obsolètement granuleux, et par le caractère singulier de son repli. Les reliefs latéraux du milieu du front sont tantôt affaiblis postérieurement, tantôt unis aux médiaires ou isolés de ceux-ci. Les stries des élytres sont parfois obsolètement ponctuées.

Obs. Il faut probablement rapporter à cette espèce :
Le *G. trifossulatus*, Motschulsky, Bullet. de Mosc. (1863), p. 658, 9, pl. 12, fig. H, qui semble être un *laesicollis*, ayant les deux sillons, ou parties latérales de la dépression transverse du prothorax, peu marquées ;
Et le *G. canaliculatus*, Motschulsky, loc. cit., p. 659, pl. 12, fig. I, chez lequel la fossette du milieu du prothorax serait affaiblie.

4. Georissus crenulatus, Rossi.

Noir, en partie luisant. Tête granuleuse sur l'épistome et ordinairement sur la partie antérieure du front. Élytres marquées chacune de rangées striales de gros points enfoncés, séparés par des intervalles subconvexes; la rangée juxta-suturale creusée en strie. Repli graduellement rétréci, finement granuleux sur son bord externe.

Byrrhus crenulatus, Rossi, Faun. Etr. Mant. t. II (1794), Appendix, p. 81, 7.
Pimelia pygmaea, Fabr. Suppl. Ent. Syst. (1798), p. 45, 35. — *Id.* Syst. Eleuth. t. I, p. 133, 31. — Schonh. Syn. Ins. t. I, p. 136, 52.
Trox dubius, Panz. Faun. Germ, 62. 5 (1799).
Georissus pygmaeus, Latreille. Gener. t. IV (1809), t. IV, p. 378. — *Id.* Règne anim. Édit. V. Masson, t. I, pl. 37, fig. 8 (antennes). — Gyllenh. Ins. Suec. t. III, p. 676, 1. — Steph. Illustr. t. II, p. 105, 1, pl. 13, fig. 3. — Heer, Faun. Col. Helv. t. I, p. 472, 1. — Erichs. Natur t. III, p. 502, 1. — J. du Val, Gener. (*Georyssides*), pl. 65, fig. 321. — Sturm, Deutsch. Faun. t. XXII, p. 37, 1, pl. 393. — L. Redtenb. Faun. Austr. p. 410. — Gemm. et Harold, Catal. t. III, p. 931.

Long., 0^m,0016 à 0^m,0020 (3/4 à 7/8 l.).

Corps noir, en partie luisant. *Tête* granuleuse sur le front et ordinairement sur la partie antérieure du front, lisse sur le reste. *Antennes* brunes ou d'un brun rouge, à massue d'un noir gris. *Prothorax* muni d'un rebord presque lisse, en devant, granuleux sur les côtés et plus finement à la base, en arc ou un peu en angle dirigé en arrière à celle-ci; convexe; marqué vers le tiers de sa longueur d'une dépression transversale, arquée en devant, parallèle au bord antérieur; rayé, entre cette dépression et le bord antérieur, de stries longitudinales séparées par des intervalles subconvexes ou granuleux; paré de chaque côté, plus près du bord externe que de la ligne médiane, d'une rangée longitudinale de granulations aboutissant au sixième externe de la base, lisse sur le reste de sa surface, mais offrant parfois sur la ligne médiane les traces d'un léger sillon interrompu ou raccourci. *Écusson* indistinct. *Élytres*, vues de dessus, subparallèles ou faiblement élargies jusque vers la moitié de leurs côtés, fortement rétrécies

ensuite ; peu convexes sur le dos ; chargées d'un calus huméral médiocrement saillant ; sans côte suturale ; marquées chacune de neuf rangées
striales de gros points enfoncés (environ 15 sur les 1re et 2e) : la juxta-suturale creusée en strie : ces rangées séparées par des intervalles lisses et subconvexes. *Repli* graduellement rétréci de la base à l'extrémité ; granuleux
sur son bord externe. *Dessous du corps* granuleux sur la poitrine et sur
les quatre premiers arceaux du ventre, presque lisse sur le dernier : le
premier, séparé du second par une dépression une fois plus large que
longue, creusée sur le quart ou le tiers médiaire de sa largeur, et en partie
bordée par des granulations.

Le *G. crenulatus* paraît habiter la plupart de nos provinces. On le trouve
en Provence. Il n'est pas rare dans nos environs. On le prend en pressant
la vase des marais ou des ruisseaux (1).

Obs. Cette espèce est très-distincte de toutes les précédentes par son
front non paré de lignes élevées ; par son prothorax lisse sur son disque ;
par ses élytres marquées de rangées de gros points enfoncés. Elle se distingue du *G. laesicollis* par son repli graduellement rétréci jusqu'à l'extrémité.

Les intervalles qui séparent les stries de la partie antérieure du prothorax
sont tantôt granuleux, tantôt presque lisses.

Le *G. crenulatus* a été décrit pour la première fois par Rossi, et il est
juste de conserver le nom spécifique imposé par ce naturaliste.

5. Georissus substriatus, HEER.

*Noir, en partie luisant. Tête granuleuse sur l'épistome et sur la partie
antérieure du front : celui-ci rayé, sur sa ligne médiane, rebordé sur les
côtés. Écusson distinct. Élytres à calus huméral très-saillant : marquées
chacune de neuf rangées de points assez petits, séparés par des intervalles
plans : la première rangée creusée en strie. Repli graduellement rétréci,
granuleux postérieurement sur son bord extérieur.*

Georissus substriatus (CHEVRIER), HEER, Faun. Col. Helv. t. I, p. 472, 3. — ERICHS.
Naturg. t. III, p. 503, 2. — L. REDTENB. Faun. Austr. p. 410. — STURM, Deutsch.
Faun. t. XXII, p. 38, pl. 399, fig. A. — GEMM. et HAROLD, Catal. t. III. p. 931.

(1) Voy. CHRISTY, Ent. Magaz. t. II, p. 438.

Long., 0ᵐ,0015 à 0ᵐ,0018 (2/3 à 4/5 l.).

Corps noir, en partie luisant. *Tête* granuleuse sur l'épistome et sur la partie antérieure du front ; rayée sur la ligne médiane de celui-ci d'un sillon plus ou moins léger ; rebordée latéralement près des yeux. *Antennes* noires, parfois brunes. *Prothorax* muni d'un rebord lisse en devant, granuleux sur les côtés ; à peine rebordé et finement granuleux sur les côtés de la base ; en arc ou un peu en angle dirigé en arrière à celui-ci ; convexe ; marqué, vers le tiers de sa longueur, d'une dépression transversale ; rayé sur la partie antérieure à cette dépression d'une strie médiane, obtusément granuleux ou peu régulièrement ponctué sur les côtés de cette strie ; paré, près de chaque côté, d'une rangée longitudinale de granulations faibles : cette rangée non prolongée jusqu'à la base ; lisse sur son disque ; offrant les traces plus ou moins légères d'une ligne médiane. *Écusson* petit, mais distinct. *Élytres*, vues de dessus, subparallèles jusqu'à la moitié de leur longueur ; fortement rétrécies ensuite ; peu convexes sur le dos ; chargées d'un calus huméral saillant, oblique ; marquées chacune de neuf rangées de points peu profonds : ceux des quatrième à sixième rangées plus petits et plus légers : la première rangée creusée en strie plus profonde postérieurement. *Intervalles* plans et lisses. *Repli* graduellement rétréci jusqu'à l'extrémité ; chargé de granulations sur son rebord externe, au moins sur la moitié postérieure de celui-ci. *Dessous du corps* plus ou moins grossièrement granuleux sur la poitrine, obsolètement sur les deuxième à quatrième arceaux du ventre, marqué de quelques points sur le dernier : le premier granuleux en devant, séparé du second sur la moitié postérieure de sa longueur et le tiers médiaire de sa largeur, par une dépression arquée en devant et bordée dans cette partie par un bourrelet granuleux ou strié : les deuxième à quatrième arceaux subconvexes.

Cette espèce se trouve dans les environs de Lyon et dans diverses autres parties de la France. On la prend souvent à l'époque des inondations du Rhône.

Obs. Le *G. substriatus* a beaucoup d'analogie avec le *crenulatus*. Il s'en distingue par son front subsillonné sur sa ligne médiane, rebordé ou de moins plus distinctement sur les côtés ; par la partie antérieure de son prothorax obtusément et peu régulièrement granuleuse ou ponctuée de chaque côté de la ligne médiane, paré près des côtés d'une rangée de granulations courte ou presque nulle ; par son écusson petit, mais distinct ; par ses élytres chargées chacune d'un calus huméral très-saillant ; marquées de rangées striales de points petits au lieu d'être gros, et séparés par des intervalles plans au lieu d'être subconvexes, etc.

TABLEAU DES IMPROSTERNÉS DE FRANCE

Genre *Georissus*.

PLANCHE 1

Fig. 1. GEORISSUS

— 2. Tête.

— 3. Antenne.

— 4. Larve.

— 5. Partie postérieure du ventre de la larve.

TRIBU

DES

UNCIFÈRES

Caractères. *Antennes* insérées près du bord antéro-interne des yeux, et du point de jonction du front et de l'épistome ; filiformes ou subfiliformes ; ordinairement de onze articles , parfois seulement de six : le deuxième subglobuleux : le dernier, ovale oblong, terminé en pointe et parfois renflé en forme de capitule. *Tête* subperpendiculaire ou penchée ; enchâssée jusqu'aux yeux dans le prothorax. *Yeux* situés sur les côtés de la tête, peu ou médiocrement saillants ; à facettes ordinairement assez grosses. *Prothorax* ordinairement plus large que long, très-rarement plus long que large ; offrant sa base dirigée en arrière en forme d'angle émoussé, tronqué ou échancré, et une fois au moins plus largement échancré en arc faible de chaque côté de cette partie médiane ; convexe. *Écusson* variable. *Élytres* un peu plus larges aux épaules que le prothorax ; subparallèles ou faiblement élargies sur la majeure partie de leur longueur, rétrécies postérieurement jusqu'à l'angle sutural ; rarement terminées en pointe à ce dernier ; voilant le dos de l'abdomen. *Repli* ordinairement presque plan et prolongé jusqu'à l'angle sutural. *Prosternum* largement avancé en forme de mentonnière pour recevoir la partie inférieure de la tête ; reçu à son extrémité postérieure dans une échancrure du mésosternum. *Postépisternums* parallèles ; ordinairement moins larges en devant que le repli des élytres. *Épimères postérieures* ordinairement distinctes. *Ventre* de cinq arceaux : les quatre premiers presque soudés ensemble : le premier et le dernier ordinairement les plus grands : le premier avancé en ogive , à côtés arqués, entre les hanches postérieures qu'il sépare largement. *Hanches antérieures* globuleuses, séparées par le prosternum; à cavité cotyloïde ouverte en arrière : les *postéricures* transverses, subparallèles, non dilatées à leur partie interne. *Pieds* ordinairement assez allongés. *Jambes* grêles. *Tarses* de cinq articles : les quatre premiers courts, presque égaux : le dernier au moins aussi long que les trois ou quatre précédents réunis; terminé par deux ongles forts et robustes. *Corps* paraissant ordinairement presque glabre en dessus, ou garni d'un duvet très-court et peu distinct à la vue.

Labre transverse. *Mandibules* robustes; arquées; dentées à l'extrémité; offrant à leur côté interne une membrane soudée à sa base. *Mâchoires* à deux lobes : l'externe plus long ; biarticulé vers sa base. *Palpes maxillaires* de quatre articles, dont les deux derniers sont parfois presque soudés. *Palpes labiaux* de trois articles. *Languette* coupée carrément ou légèrement sinuée à son bord antérieur.

Les Coléoptères de cette tribu, destinés à vivre au sein des eaux vives et plus ou moins rapides, ont reçu, pour rester accrochés aux bois sur lesquels ils vivent, des ongles robustes, chargés de remplir l'office d'ancres de salut: de là le nom de Uncifères (Porte-crocs) donné à ces petits animaux.

ÉTUDE DES DIVERSES PARTIES DU CORPS

Les insectes de cette tribu ont une certaine analogie avec les *Diversicornes;* mais ils offrent dans la forme et le plus souvent dans la longueur de leurs antennes, dans leurs postépisternums parallèles, dans leur premier article du ventre à côtés arqués, dans leurs hanches antérieures globuleuses, dans les postérieures ni dilatées ni prolongées en arrière à leur côté interne, dans le dessus de leur corps ordinairement peu distinctement pubescent, des caractères à l'aide desquels on peut facilement les distinguer.

La *tête*, ordinairement subperpendiculaire, est enchâssée dans le prothorax jusqu'aux yeux, toujours reçue inférieurement dans le prosternum largement avancé en forme de mentonnière. Elle est parfois bissillonnée sur le front.

Le *labre* est transverse, ordinairement court.

Les *mandibules* courtes, non ou peu saillantes dans le repos au delà du labre, dentées à l'extrémité et garnies d'une membrane à leur côté interne.

Les *mâchoires* sont munies de deux lobes, dont l'externe est étroit, allongé ou oblong.

Les *palpes maxillaires* sont formés de quatre articles ; mais paraissent parfois n'en avoir que trois : les *labiaux* sont triarticulés.

La *languette* est entière, ordinairement en partie membraneuse, en partie cornée.

Le *menton* est généralement petit.

Les *antennes* sont insérées près du bord antéro-interne des yeux, près de la suture frontale ; de onze articles, filiformes et prolongées au moins jusqu'à la moitié des côtés du prothorax chez les Elmisaires ; courtes, seulement de six articles apparents, avec le dernier un peu ovalairement renflé chez les Macronychaires.

Les *yeux* sont situés sur les côtés de la tête, peu saillants, parfois en partie voilés par le prothorax.

Le *prothorax* est habituellement un peu élargi sur les côtés ; échancré en arc à la base de chaque côté de la partie médiane, avec celle-ci dirigée en arrière, soit en angle émoussé, soit tronqué ou échancré, ordinairement plus large que long, excepté chez les Macronyques et les Stenelmis ; il offre en dessus des caractères divers, suivant les genres. Exceptionnellement creusé d'un large sillon sur sa ligne médiane chez le Stenelmis, il est convexe sur le dos, chez les autres, mais présente souvent, sur les côtés de son disque, soit une raie longitudinale, soit une ligne saillante.

L'*écusson* est apparent, mais ordinairement très-petit.

Les *élytres*, ordinairement incourbées à l'angle huméral et un peu plus larges que le prothorax, sont presque parallèles depuis les épaules jusqu'à la moitié ou plus de leur longueur, et rétrécies ensuite jusque vers l'angle sutural. En dessus elles sont rayées de stries ponctuées ou garnies de rangées striales de points et souvent chargées d'une ou de deux lignes saillantes. Leur *repli* est ordinairement soyeux et prolongé jusqu'à l'angle sutural.

Le *dessous du corps* mérite une étude particulière.

Le *prosternum* s'avance toujours en forme de large mentonnière, pour recevoir la partie inférieure de la tête ; il sépare les hanches antérieures, et sa partie postérieure est reçue dans une échancrure du mésosternum.

Le *mésosternum* sépare largement les hanches intermédiaires.

Le *métasternum*, chez les Elmisates, offre un caractère particulier : ses côtés sont chargés d'une ligne en relief prolongée ou à peu près jusqu'au bord postérieur.

Les *postépisternums* sont parallèles et ordinairement plus étroits à leur partie antérieure que le repli des élytres.

Le *ventre* est formé de cinq arceaux, dont les quatre premiers sont presque soudés ensemble. Le premier, généralement le plus grand, s'avance entre les hanches postérieures qu'il sépare largement, en formant une sorte d'ogive, à côtés courbes, et parfois obtusément tronquée à sa partie antérieure. Chez les Elmisates, les côtés de cette ogive sont munis d'un rebord qui se prolonge longitudinalement jusqu'à sa partie postérieure sous la forme d'une ligne saillante.

Les *pieds* sont plus ou moins allongés.

Les *hanches antérieures* sont globuleuses ; séparées par le prosternum, les *postérieures* transverses, non dilatées à leur partie interne, peu mobiles.

Les *cuisses* sont médiocrement renflées.

Les *jambes* sont grêles ; garnies, chez les Elmisates, sur la seconde moitié de leur partie inféro-interne de cils délicats ou d'une fine frange.

Les *tarses* ont cinq articles, dont les quatre premiers, courts, presque égaux : le dernier le plus long, ordinairement un peu renflé à l'extrémité, et armé de deux ongles robustes.

VIE ÉVOLUTIVE

Les larves de quelques-uns de nos UNCIFÈRES sont connues depuis longtemps.

Müller, qui avait décrit un certain nombre de ces insectes dans son genre *Limnius*, travail publié dans le cinquième volume du *Magasin* d'Illiger (1), soupçonna, le premier, avoir reconnu ces insectes à leur premier état, dans des larves ayant la tête petite, le corps ovalaire, élargi

(1) ILLIGER, Magazin fuer Insektenkunde, t. V (1806), p. 194.

dans sa partie thoracique, rétréci en arrière et terminé en pointe ; convexe en dessus, aplati en dessous ; pourvu, sur les côtés des arceaux supérieurs, d'appendices membraneux servant à l'animal à se coller plus fortement à la partie inférieure des pierres gisant au fond des eaux courantes.

En 1839, M. Westwood, dans le tome premier de son *Introduction* (1) donna une figure et une description incomplète d'une larve d'*Elmis*, qu'il supposait être celle de l'*aeneus*.

Erichson, dans le premier volume du tome VII des *Archives* de Wiegmann (2) dont il était le continuateur, donna, de la larve d'une espèce d'*Elmis*, une description reproduite dans son Histoire naturelle (3), et répétée par MM. Chapuis et Candèze (4) et par M. Sturm (5).

M. Kolenati, dans le *Journal entomologique* de Vienne, a donné la description et la figure de celle de l'*Elmis Maugeti* (6).

Mais M. le Dr Laboulbène, dont le talent remarquable est bien connu, a publié sur le premier état des Elmis un travail qui fait oublier tous les autres (7).

Les larves de ces petits animaux semblent se rapprocher par leur forme de celle des *Silpha* ou de la configuration de certains Crustacés des terrains paléozoïques, appelés Trilobites.

Voici, en abrégé, la description donnée par le savant docteur précité :

Tête petite ; un peu triangulaire. *Antennes* courtes ; de trois articles : le premier transversal : le deuxième, le plus long : le troisième formé de deux pièces cylindriques accolées et superposées : la supérieure terminée par un poil. *Ocelles* au nombre de cinq, disposés sur deux rangées : trois sur la première : deux sur la seconde. *Labre* transversal ; muni en devant de

(1) Westwood, *Introduction to the modern Classification of Insects*, t. I, p. 117 et 118, pl. 7, fig. 16 et 17.

(2) Wiegman, Archiv. d. Naturgeschichte, fortgesetzt von Erichson, t. VII, 1 (1841) p. 106.

(3) Erichson, Naturgeschichte der Insecten Deutschlands, t. III (1847), p. 524.

(4) Chapuis et Candèze, Catalogue des larves des Coléopteres (1853), p. 103, pl. 3, fig. 7.

(5) Sturm (J. H. C. F.), Deutschlands Fauna, t. XXIII (1857), p. 4.

(6) *Wiener entomologische Monatschrift*, t. IV (1860), p. 88 et 89, pl. 5, fig. 2.

(7) Annales de la Société entomologique de France, 4e série, t. X (1870), p. 407, pl. 9, fig. 1 à 14.

poils squammuleux à leur base. *Mandibules* terminées par deux dents bifides, et munies à la base d'un appendice en forme de cirrhe. *Mâchoires* composées d'un labre fendu et terminées par des poils formant brosse à l'extrémité. *Palpes maxillaires* et *labiaux* de deux articles : le dernier des maxillaires terminé par deux corps minuscules. *Segments thoraciques* les plus larges, arrondis sur les côtés : le prothoracique aussi long que les deux suivants réunis ; garnis, ainsi que les abdominaux, moins le dernier, d'une bordure amincie, munie d'une bordure ciliée. *Abdomen* rétréci d'avant en arrière, composé de neuf segments diminuant graduellement de largeur : les huit premiers offrant l'angle postérieur dirigé en arrière : le dernier tronqué et entaillé à l'extrémité, offrant en dessus une plaque uniforme et, en dessous, une face ventrale suivie d'un opercule terminal. Cet opercule recouvre une cavité branchiale et se trouve pourvu, à son extrémité, de deux crochets recourbés en dessous. Quand la larve est vivante, cet opercule, en s'abaissant, laisse fréquemment sortir du corps trois faisceaux de branchies divisés chacun en pinceaux de filaments qui servent à la respiration de la larve. *Pieds* courts ; composés d'une hanche, d'un trochanter, d'une cuisse, d'une jambe et d'un tarse terminé par un ongle robuste, muni en dessous d'un poil roide. *Stigmates* au nombre de neuf paires : la première, sur le bord antérieur du métathorax : les autres sur les huit premiers arceaux de l'abdomen.

Peut-être cette larve quitte-t-elle l'humide élément quand elle songe à se transformer en nymphe ; c'est un problème à résoudre encore.

Les premières phases de la vie du Macronyque sont plus complétement connues. Contarini, dans un mémoire publié en 1832 (1), paraît avoir été témoin de la ponte de cet insecte et avoir connu la larve, qu'il compare, en petit, à celle du Hanneton ; indication vague, qui nous paraît même n'être pas conforme à la vérité.

Il était réservé à L. Dufour de nous en donner le portrait. Avec cette perspicacité qu'il devait à la nature et à sa longue expérience, il soupçonna avoir rencontré le premier état du Macronyque dans une larve dont il a reproduit la figure (2), en laissant à son jeune ami, M. Pérez, d'en donner

---

(1) Memoria sopra il *Macronychus quadrituberculatus* del Müller. *Bassano* (1832). In-8, 24 pag., 1 pl.

(2) Sur une larve présumée du *Macronychus*. (Annales des Sciences Natur., 4e série, t. XVII, p. 226-228, pl. 1, fig. 10.

la description, et celui-ci s'en est acquitté avec un talent digne du maître. Plus heureux que ce dernier, il a pu suivre ce petit Coléoptère dans tout le cours de son existence.

Il faut lire, dans le beau mémoire (1) publié par cet habile observateur, les détails si intéressants donnés sur cet insecte aquatique. Nous nous bornerons à reproduire, d'après ce savant, les principaux traits de la larve :

Corps allongé, graduellement un peu rétréci à partir du prothorax ; composé, outre la tête, de douze segments. *Tête* bien distincte, saillante, un peu plus longue que large. *Antennes* petites ; paraissant, à la vue, composées seulement de deux articles : le basilaire court, épais : le second, près de trois fois plus long, claviforme, obliquement tronqué au sommet, et se montrant, sous un grossissement plus ou moins fort, creusé à l'extrémité d'une fossette ou aréole, de laquelle s'élèvent deux petites saillies : l'une, simple appendice épidermique : l'autre, divisée en deux pièces qui semblent devoir faire porter à quatre le nombre des articles de l'antenne. *Épistome* et *labre* courts : ce dernier muni de quelques soies spiniformes et rameuses. *Mandibules* bidentées à l'extrémité ; munies vers le tiers de leur bord interne, d'un long cirrhe inarticulé, flexible et très-velu. *Mâchoires* à lobe muni de pieds spiniformes faisant l'office de brosse. *Palpes maxillaires* de quatre articles (2) : le dernier muni à son extrémité d'un appendice rudimentaire. *Palpes labiaux* de trois articles, dont le dernier visible seulement à un grossissement considérable. *Ocelles* probablement au nombre de cinq, dont la place est indiquée par une tache noirâtre. *Prothorax* aussi long que les deux segments suivants réunis. *Abdomen* composé de neuf segments : les sept premiers à peu près égaux en longueur : le huitième un peu plus court : le neuvième en forme de pyramide triangulaire, dont le sommet est remplacé par une bifurcation à pointes mousses. Sa face supérieure se relève, sur la ligne médiane, en une arête obtuse : la face ventrale, un peu convexe vers sa base, offre, sur ses deux tiers postérieurs, une cavité recouverte d'un opercule et servant à loger des branchies. Durant la vie de la larve, on voit ces organes respiratoires s'étaler dans le

---

(1) Histoire des métamorphoses du *Macronychus quadrituberculatus* et de son parasite, par M. Perez. (Annales de la Soc. entom. de Fr., 4e série, t. III (1863), p. 621-636, pl. 14, fig. 1 à 21.

2) Ils en auraient moins, suivant M. Laboulbène.

liquide, sous la forme de six à huit panaches fasciculés, puis, alternativement, rentrer brusquement dans la cavité d'où elles sont sorties. A cet appareil est annexé un système de respiration trachéenne, offrant dans l'intérieur du corps des sacs aérifères venant des stigmates abdominaux. *Stigmates* au nombre de neuf paires : la première mésothoracique : les autres abdominales, situées sur la région dorsale, vers l'angle antérieur des arceaux. *Pieds* courts et robustes, offrant une hanche, un trochanter, une cuisse, un tibia, un tarse représenté par une petite pièce logée dans une échancrure de l'extrémité inférieure du tibia, invisible en dessus, et enfin un ongle très-développé.

La larve du Macronyque vit dans les eaux courantes, sur les vieilles souches ou sur les branches immergées depuis assez longtemps pour avoir l'écorce ramollie et rendue plus facile à entamer par les mandibules. Elle se maintient aisément cramponnée sur ces parties ligneuses, à l'aide de ses ongles robustes, se meut rarement et toujours avec une extrême lenteur. Si des circonstances exceptionnelles viennent altérer la pureté de l'eau dans laquelle elle se trouve, elle rampe le long du bois en partie immergé, pour venir hors du liquide chercher l'oxygène nécessaire à son existence. Le bois est-il complétement immergé? Elle abandonne alors l'écorce sur laquelle elle était fixée, et dilatant ses sacs aérifères comme les vessies natatoires des poissons, elle s'élève à la surface du liquide élément. Mais dès que l'eau, plus aérée, devient plus habitable, elle plonge verticalement la tête en bas, et va chercher en rampant le bois chargé de lui fournir la nourriture dont elle était privée.

Le Macronyque paraît vivre au moins un an ou peut-être deux sous cette première forme. Quand le moment de passer à la seconde métamorphose est arrivé, la larve sort des eaux, dans les mois de juillet à septembre, se glisse dans les fentes des écorces immergées mais humides, se creuse dans la paroi de celles-ci une retraite pour y passer en paix le temps pendant lequel elle se trouve sous la figure de nymphe, et une quinzaine de jours après cet état transitoire, l'insecte rejette son domino et se montre sous sa forme parfaite. Dès que ses divers organes ont acquis la consistance nécessaire, il brise la paroi de la cellule dans laquelle il était enfermé et descend d'un pas mesuré le long du vieux bois qu'il avait gravi auparavant, et replonge dans l'élément liquide qu'il ne doit plus quitter.

MOEURS ET HABITUDES DES INSECTES PARFAITS

Parvenus à la dernière période de leur existence, nos petits Coléoptères Uncifères sont destinés à habiter, comme dans leur jeune âge, les rivières torrentielles, les ruisseaux d'un courant rapide. La Nature leur a cependant refusé la faculté de nager, mais elle les a pourvus d'ongles robustes, elle les a armés de véritables crocs, chargés de leur permettre de se cramponner à différents corps, et de pouvoir résister aux flots souvent impétueux au sein desquels ils sont condamnés à vivre. Ils s'y tiennent ordinairement dans une attitude renversée. Les uns, comme les Elmisates, se trouvent généralement sous les pierres éparses dans le lit des cours d'eau, où peut-être ils trouvent leur nourriture dans les animalcules rodant dans leur voisinage. Les autres, comme les Stenelmis et les Macronyques, se plaisent sur les bois immergés chargés de leur fournir les aliments nécessaires à leur existence. Peu d'insectes ont des habitudes plus sédentaires, des mouvements plus compassés, une démarche plus lente. On voit qu'en changeant de place, ils craindraient d'être emportés par un flot capable de les entraîner. Aussi ne soulèvent-ils quelques-unes de leurs pattes qu'après avoir solidement accroché les autres contre leur support. La marche des tortues est presque une course en comparaison de la leur. Leurs ongles sont accrochés d'une manière si tenace à leurs points d'appui, qu'il faut un certain effort pour les en détacher. Quand on les extrait de l'élément qu'ils habitent, ils simulent l'état de mort, en étendant leurs pattes avec raideur, à la manière des Géotrupes, mais ils font fléchir leurs tarses sur le tibia, ce qui leur donne une attitude grottesque, comme l'a remarqué L. Dufour. Si on les rejette dans l'eau, ils y descendent les pattes étendues, en vacillant à la manière d'un corps inerte et peu lourd, montrant tantôt la face dorsale, tantôt l'inférieure. Mais si on les laisse quelques heures hors de leur humide demeure, ils ne tardent pas à périr.

Dans les temps ordinaires, leur existence est peu troublée ; mais quand les ruisseaux dans lesquels ils font leur séjour, gonflés par les orages, roulent des eaux plus impétueuses, ils se voient quelquefois emportés par les flots, comme nous le sommes nous-mêmes sur le fleuve de la vie, par les mouvements désordonnés de notre âme ; mais tandis que notre raison ne nous fournit souvent qu'un secours impuissant pour nous permettre de résister au penchant qui nous entraîne, ils trouvent dans leurs ongles robustes prêts à s'accrocher aux débris disséminés sur leur route, des ancres de salut qui leur permettent d'échapper aux naufrages.

HISTORIQUE

Tous nos UNCIFÈRES sont restés inconnus à Linné, à Fabricius et à tous les auteurs dont les écrits sont antérieurs à 1790.

1793. Panzer, le premier, en décrivit une espèce communiquée par Helwig, et il la plaça avec les Dytiques, en observant qu'elle méritait peut-être de faire un genre particulier.

1796. Latreille avait reçu de Maugé, naturaliste mort dans le voyage du capitaine Baudin à la Nouvelle-Hollande, un de ces insectes trouvé sous une pierre, dans un ruisseau des environs de Fontainebleau ; il le présenta à la Société philomatique, sous le nom générique d'*Elmis* et, en 1798, il donna les caractères de ce genre et la description de l'espèce dans son *Histoire naturelle des Fourmis*.

1802. Illiger, dans le tome premier de son *Magasin pour la connaissance des Insectes* (*Magazin fuer Insektenkunde*), indiqua, sous le nom générique de *Limnius*, l'insecte dont Panzer avait fait un Dytique.

1802. Marsham, dans son *Entomologia britannica*, rangea ce même insecte parmi les Chrysomèles.

1804. L'Entomologiste de Brives, avec ce tact qui lui était particulier, sut saisir les rapports qui existaient entre les *Elmis* et les Coléoptères près desquels il leur donnait place, et il les fit entrer à la suite des *Dryops* d'Olivier, dans la famille des Byrrhiens, où ils constituèrent, avec les Hétérocères, le groupe des *Ripicoles*. Depuis cette époque les *Elmis*, les *Parnides* et les *Hétérocérides* sont restés rapprochés les uns des autres dans les classifications.

1806. Ph. W. J. Müller, auquel les travaux de Latreille étaient restés inconnus, adopta le genre *Limnius* indiqué par Illiger, et, dans le cinquième volume du *Magazin*, publié par ce dernier, donna les caractères de cette coupe, décrivit un grand nombre d'espèces, et indiqua les bases des divisions devenues aujourd'hui génériques.

A la suite de ce travail, il fit connaître le genre *Macronychus*.

1807. Latreille laissa nos UNCIFÈRES dans sa famille des Byrrhiens, soit dans le second volume de son *Genera*, soit dans ses *Considérations sur l'ordre naturel des Insectes* (1810).

1817. Ils changèrent peu de place dans le troisième volume du *Règne animal* de Cuvier, en faisant partie de la famille des Clavicornes.

1825. Dans ses *Familles naturelles*, le même auteur en composa, avec quelques genres voisins, sa tribu des *Macrodactyles*, la sixième de la famille des Clavicornes.

1829. Dans la dernière édition du *Règne animal* de Cuvier, ils furent séparés des Hétérocères, pour constituer, avec les *Parnides* et les *Géorissides*, la tribu des *Macrodactyles*, dénomination changée en celle de *Leptodactyles*.

1829. La même année, Stephens, dans le deuxième volume de ses *Illustrations*, séparait, en familles particulières, les *Limnides*, les *Hétérocérides* et les *Parnides*, toutes faisant partie de la sous-section des Phyllydrides de Mac-Leay. Les Géorisses n'avaient pas été trouvées jusques-là en Angleterre.

1838. M. Heer, à l'exemple de Stephens, dans sa Faune des *Coléoptères de la Suisse*, constituait aussi, avec nos Uncifères, une famille particulière : celle des Elmides.

1839. M. Westwood, dans son *Introduction to the modern Classification of Insects*, adoptait les dernières idées de Latreille, c'est-à-dire réunissait dans la tribu des Macrodactyles de ce dernier, les *Parnides* et les *Elmides*, en les répartissant dans deux sous-familles.

1845. M. L. Redtenbacher, dans ses *Genres des Coléoptères de la Faune d'Allemagne*, plaçait après les Hydrophiles les trois familles des Parnides, des Elmides et des Hétérocères, et colloquait les Géorisses entre les Dermestes et les Byrrhes.

1847. Erichson, dans son *Histoire Naturelle des Insectes d'Allemagne*, réunit en une seule famille, celle des *Parnides*, divisée en deux groupes, correspondant à nos tribus des Diversicornes et des Uncifères, et les auteurs qui sont venus après lui, Lacordaire, J. du Val, et M. L. Redtenbacher lui-même, dans la seconde édition de sa *Faune*, ont subi cet exemple.

Telles sont les modifications assez faibles qu'a subie la classification de ces insectes.

En 1885, L. Dufour a publié ses *Recherches* (1) *anatomiques* sur l'orga-

---

(1) Recherches anatomiques et considérations entomologiques sur les insectes coléoptères des genres Macronyque et Elmis. (Ann. d. Sc. Nat., 2e série, t. III, p. 151 et suiv.

nisation interne de ces petits animaux, et a enrichi du genre *Stenelmis* le catalogue de nos UNCIFÈRES.

1847. Erichson a détaché du genre Elmis, de Latreille, quelques espèces auxquelles il a conservé le nom générique de *Limnius*, indiqué par Illiger à tous nos Elmisates.

Enfin, dans son beau *Genera*, J. du Val a constitué, avec les espèces d'Elmis formant la première famille des *Limnius*, de Müller, une coupe nouvelle sous le nom de *Lareynia*.

Les Insectes de cette tribu se réduisent à une seule famille, celle des ELMISSIENS. Cette famille peut être partagée en deux branches :

Branches.

Antennes

prolongées environ jusqu'à la moitié des côtés du prothorax ou un peu plus loin; filiformes; de onze articles distincts.   ELMISAIRES.

faiblement prolongées après la tête; de six articles apparents : le dernier le plus grand, ovalaire, presque en forme de capitule ou de massue.   MACRONYCHAIRES.

PREMIÈRE BRANCHE

LES ELMISAIRES

CARACTÈRES. *Antennes* prolongées environ jusqu'à la moitié des côtés du prothorax ou un peu plus loin ; filiformes, minces ; de onze articles distincts.

Ces insectes peuvent être partagés en deux rameaux :

<table>
<tr><td rowspan="2" style="writing-mode:vertical-rl">Prothorax</td><td>plus large que long ; non canaliculé sur sa ligne médiane. Métasternum chargé de chaque côté d'une ligne longitudinale en relief. Jambes garnies sur la seconde moitié de leur partie inféro-interne, de cils ou d'une frange fine.</td><td>ELMISATES.</td></tr>
<tr><td>au moins aussi long que large ; creusé sur sa ligne médiane d'un canal, relevé en relief sur ses bords. Métasternum non chargé d'une ligne en relief sur ses côtés. Jambes dépourvues de poils ou d'une fine frange à leur partie inféro-interne.</td><td>STENELMISATES.</td></tr>
</table>

PREMIER RAMEAU

LES ELMISATES

CARACTÈRES. Ajoutez à ceux de la branche :

Prothorax plus large que long ; non canaliculé sur sa ligne médiane. *Écusson* petit. *Métasternum* chargé, sur les côtés, entre les hanches intermédiaires, d'un rebord prolongé longitudinalement, en forme de ligne saillante, à peu près jusqu'au bord postérieur. *Ventre* offrant les côtés de sa partie triangulairement avancée munis d'un rebord longitudinalement prolongé, en forme de ligne saillante, jusqu'à son bord postérieur. *Jambes* garnies, sur la moitié postérieure de leur partie inféro-interne, de cils courts ou d'une fine pubescence. *Ventre* non incisé à l'extrémité de son dernier arceau.

Les Elmisates se trouvent généralement sous les pierres dans les ruisseaux ou les rivières d'eau vive.

Nous répartirons ces insectes dans les genres suivants :

Genres.

Front

sans sillons. Prothorax non creusé d'un sillon transverse au devant du milieu de sa base.

creusé d'un sillon longitudinal près du côté interne de chaque œil. Prothorax chargé de chaque côté du dos d'un relief longitudinal, et creusé entre ceux-ci, au devant de la base, d'un sillon transverse. — *Lareynia.*

Écusson étroit, de moitié environ plus long que large.

intervalles des élytres également planiuscules ou subconvexes. Prothorax rayé d'une ligne longitudinale ou chargé d'un relief linéaire longitudinal de chaque côté de son disque et aboutissant à la troisième strie des élytres ou peu en dehors de celles-ci. — *Elmis.*

Élytres offrant, au moins un de leurs intervalles relevés en forme de côte.

Prothorax convexe, sans ligne ou sans relief longitudinal de chaque côté de son disque. — *Riolus.*

Prothorax rayé d'une ligne longitudinale ou chargé d'un relief longitudinal de chaque côté de son disque. Septième intervalle des élytres saillant. — *Esolus.*

Écusson suborbiculaire. Prothorax chargé d'un relief longitudinal aboutissant à la quatrième strie des élytres.

Sixième strie des élytres aboutissant à l'angle huméral. Sept premiers intervalles des élytres de largeur uniforme : les cinquième, sixième et septième légèrement saillants au côté interne. — *Dupophilus.*

Cinquième strie des élytres aboutissant vers l'angle huméral. Cinquième intervalle des élytres beaucoup plus large, saillant et crénelé au côté interne, ainsi que le sixième. — *Limnius.*

Genre *Lareynia,* LAREYNIE, J. du Val.

CARACTÈRES. Ajoutez à ceux de la branche ou du rameau :

Front creusé d'un sillon longitudinal au côté interne de chaque œil. *Prothorax* faiblement arqué sur les côtés ; un peu anguleux après la moitié de ceux-ci ; convexe sur le dos ; chargé, de chaque côté de celui-ci, d'une ligne longitudinale saillante, aboutissant à son extrémité postérieure vers le troisième intervalle des élytres ; creusé, entre ces deux reliefs, au devant de sa base, d'un sillon transverse ou arqué en arrière ; canaliculé plus ou moins profondément sur les deux tiers antérieurs de ses parties latérales. *Élytres* offrant au moins les cinquième et septième intervalles relevés en forme de côte. *Corps* ovalaire.

Palpes maxillaires dépassant à peine les lobes des mâchoires ; paraissant n'avoir que trois articles, par suite de la presque union des deux derniers. *Languette* tronquée en devant.

Ajoutez pour les espèces suivantes :

Prothorax un peu plus large aux angles postérieurs qu'aux antérieurs ; tranchant ou légèrement relevé en rebord sur les côtés, offrant chacune des parties situées en dehors de la ligne saillante moins déclive et égale au moins au quart de sa largeur totale; plus ou moins sensiblement relevé au devant de la base, après le sillon transverse, en un rebord convexe, obliquement étendu d'arrière en avant jusqu'au bord externe. *Élytres* incourbées à l'angle huméral ; un peu plus larges aux épaules que le prothorax ; rayées chacune jusqu'au septième intervalle (y compris le sutural) de six stries fortement ponctuées : la cinquième et la sixième constituant en devant une fossette humérale.

Tableau des espèces :

a Sillons du front faisant exactement suite au côté interne de chaque ligne
   saillante du prothorax.   *Maugeti.*
aa Sillons du front correspondant chacun à un point du dos du prothorax
   presque aussi rapproché de la ligne médiane que des lignes saillantes.
b Élytres de trois cinquièmes plus longues sur la ligne médiane que
   larges aux épaules ; peu ou point rebordées à la base depuis les côtés
   de l'écusson jusqu'au troisième intervalle : les cinquième et septième
   en forme de côtes.   *aenea.*
bb Élytres de moitié à peine plus longues sur la ligne médiane que large
   aux épaules ; rebordées à la base depuis les côtés de l'écusson jusqu'au
   quatrième intervalle : les troisième, cinquième et septième relevés en
   forme de côtes : le septième caréniforme.   *obscura.*

1. Lareynia Maugeti, LATREILLE.

Ovalaire ; d'un noir métallique et peu luisant en dessus. Antennes brunes. Sillons du front faisant suite à la partie interne des lignes saillantes du prothorax. Élytres de trois cinquièmes plus longues sur la ligne médiane que larges aux épaules ; à stries ponctuées, relevées en rebord sur les côtés de l'écusson jusqu'au cinquième intervalle : les troisième, cinquième et septième, et plus faiblement le sutural relevés en forme de côtes.

Elmis Maugeti, LATR. Hist. Nat. des Fourmis (1798), p. 400. — *Id.* Hist. Nat. t. IX, p. 229. — *Id.* Gener. t. II, p. 50, 1, pl. 8, fig. 9. — STEPH. Manual, p. 82, 636. — ERICHS. Naturg., t. III, p. 526, 2. — STURM, Deutsch. Faun. t. XXIII, p. 8, 2, pl. 410, fig. B. — L. REDTENB. Faun. Austr. p. 412. — GEMM. et HAROLD, Catal. t. III, p. 935.

Lareynia Maugeti, J. DU VAL, Gener. t. II, p. 123.

Long., 0^m,0020 à 0^m,0022 (9/10 à 1 l.) ; — larg., 0^m,0009 (2/5 l.).

Corps ovalaire ; d'un noir métallique ou d'un noir d'airain, surtout sur les élytres ; opaque ou peu luisant et garni d'un duvet très-court et peu distinct en dessus. *Antennes* brunes, avec la base d'un brun rougeâtre. *Front* creusé de deux sillons, faisant exactement suite chacun au côté interne des reliefs longitudinaux du prothorax. *Tête* très-finement ponctuée. *Prothorax* faiblement arqué sur les côtés, un peu anguleux après la moitié de ceux-ci ; sans rebord latéral ; un peu plus large à la base que long sur sa ligne médiane ; presque glabre ; convexe sur son disque ; chargé de chaque côté du dos d'un relief linéaire longitudinal ; creusé, entre ces deux reliefs, au devant de la base, d'un sillon transverse arqué en arrière ; profondément canaliculé sur les trois cinquièmes antérieurs de ses parties latérales ; moins finement et moins densement ponctué sur le dos que sur les côtés. *Écusson* petit; triangulaire. *Élytres* une fois et quart environ plus longues que le prothorax ; faiblement élargies en ligne à peu près droite jusqu'aux quatre septièmes, rétrécies ensuite en ligne d'abord courbe, puis presque droite et légèrement subsinuée près de l'extrémité ; en pointe un peu obtuse, prises ensemble à cette dernière ; de trois cinquièmes plus longues sur leur ligne médiane que larges aux épaules ;

paraissant ordinairement presque glabres ; rayées chacune de six stries étroites et marquées de points profonds jusqu'au septième intervalle ; irrégulièrement ponctuées en dehors de celui-ci. *Intervalles* pointillés : le premier ou sutural saillant ; comme prolongé en rebord basilaire depuis les côtés de l'écusson jusqu'au cinquième intervalle : les troisième, cinquième et septième relevées en forme de côtes, affaiblies postérieurement, un peu plus courtes de la première à la troisième : celle-ci caréniforme. *Dessous du corps* noir ; à peine pubescent ; plus densement et plus sensiblement ponctué ou pointillé sur la poitrine que sur le ventre. *Pieds* variant du brun rouge au rouge brun ou brunâtre. *Tarses* et *ongles* d'un rouge fauve ou testacé.

Cette espèce habite la plupart de nos provinces ; nous l'avons reçue des départements du Nord et des Vosges, de Gavarnie. Nous l'avons prise dans la Savoie, le Bugey, les environs du Pilat.

Obs. La *L. Maugeti* se distingue aisément des deux suivantes par ses sillons frontaux faisant exactement suite au côté interne des reliefs longitudinaux du prothorax ; par ses reliefs plus saillants ; par ses parties latérales du même segment plus profondément canaliculées jusqu'aux deux tiers, où cette dépression se heurte contre une saillie ; par sa taille moins petite ; par ses élytres ordinairement ponctuées irrégulièrement ou d'une manière peu sériale en dehors du septième intervalle ; par les troisième, cinquième et septième intervalles et plus faiblement le sutural relevés en forme de côtes ; par ses antennes en partie brunes, etc.

2. **Lareynia aenea**, Mueller.

Ovalaire ; ordinairement d'un noir métallique, peu luisant ; parfois d'un noir presque bronzé en dessus. Antennes d'un rouge testacé. Sillons du front correspondant à un point du dos du prothorax presque aussi rapproché de la ligne médiane que des lignes saillantes. Élytres de trois cinquièmes plus longues sur la ligne médiane que larges aux épaules ; à stries ponctuées ; non ou à peine relevées sur les côtés de l'écusson et à la base jusqu'au troisième intervalle : les cinquième et septième intervalles relevés en forme de côtes ; les sutural et troisième plus faiblement saillants.

Limnius aeneus, Mueller (Ph. W. J.), *in* Illig. Mag. t. V, p. 202, 6.— Gyllenh. Ins. Suec. t. I, p. 553, 2.

Philhydrus Megerlei, Duftsch. Faun. Austr. t. I, p. 305.
Elmis aeneus, Steph. Illustr. t. II, p. 108.— *Id.* Man. p. 82, 635. — Heer, Faun.
  Col. Helv. t. I, p. 469, 1. — Erichs. Naturg. t. III, p. 528, 1. — Cuvier, Règne
  Anim. éd. Masson, pl. 37, fig. 6. — Sturm, Deutsch. Faun. t. XXIII, p. 6, 1,
  pl. 410, fig. A. — L. Redtenb. Faun. Austr. p. 412. — Gemm. et Harold, Catal.
  t. III, p. 935.
Larcynia aenea, J. du Val, Gener. t. II (*Parnides*), pl. 66. fig. 327.

Long., 0^m,0020 à 0^m,0022 (9/10 à 1 l.) ; — larg., 0^m,0010 (1/2 l.).

Corps ovalaire ; d'un noir sans éclat et un peu métallique et garni d'un
duvet très-court, peu apparent en dessus. *Antennes* ordinairement d'un
rouge flave. *Front* peu convexe entre les sillons : chacun de ceux-ci
aboutissant à un point du dos du prothorax presque aussi rapproché de la
ligne médiane que de chaque relief longitudinal. *Prothorax* élargi d'avant
en arrière en ligne faiblement arquée , surtout sur sa seconde moitié, à
peine un peu anguleuse vers les quatre septièmes de ses côtés, tranchant
ou à peine relevé en rebord latéralement ; d'un cinquième environ plus
large à la base que long sur sa ligne médiane ; convexe sur son disque ;
chargé, de chaque côté du dos, d'un relief longitudinal ; creusé, entre ces
deux reliefs, au devant de la base, d'un sillon transverse, arqué en arrière ;
déprimé ou subcanaliculé sur ces parties latérales jusqu'aux deux tiers
de leur longueur ; finement pubescent ; densement pointillé. *Écusson*
petit, de moitié plus long que large , subparallèle ou à peine rétréci
d'avant en arrière. *Élytres* une fois et quart environ plus longues que le
prothorax ; faiblement élargies en ligne à peu près droite jusqu'aux quatre
septièmes, rétrécies ensuite en ligne d'abord courbe, puis presque droite
et légèrement subsinuée près de l'extrémité ; obtusément arrondies à cette
dernière ; de trois cinquièmes environ plus longues sur la ligne médiane
que larges aux épaules , prises ensemble ; tantôt médiocrement et assez
régulièrement convexes ; brièvement pubescentes et d'un noir mat ; tantôt
presque glabres et paraissant souvent alors d'un noir verdâtre ou bronzées ;
rayées chacune de six stries étroites et marquées de points profonds jusqu'au septième intervalle ; sérialement ponctuées en dehors de celui-ci ;
non ou peu relevées en rebord sur les côtés de l'écusson ou jusqu'au troisième intervalle. *Intervalles* très-finement ponctués : le premier ou sutural
et même le troisième souvent à peine plus saillants que les voisins : les
cinquième et septième relevés chacun en forme de côtes : le cinquième

prolongé en s'affaiblissant jusqu'à l'extrémité : le septième , raccourci postérieurement : les cinquième et septième un peu crénelés par les points des quatrième et sixième stries. *Dessous du corps* noir, parfois d'un brun rougeâtre sur la partie postérieure du ventre ; brièvement pubescent ; plus densement et moins légèrement ponctué sur la poitrine que sur le ventre. *Pieds* noirs ou bruns : *tarses* et *ongles* d'un rouge testacé.

Cette espèce habite presque toutes nos provinces ; elle n'est pas rare dans les environs de Lyon, sous les pierres des ruisseaux.

M. Westwood a représenté la larve de cette espèce. (Introd., tome Ier, p. 118, pl. 7, fig. 16-17.)

Obs. La *L. aenea* a beaucoup d'analogie avec la *Maugeti;* mais elle en diffère par une taille plus petite ; par son front rayé de sillons plus étroits, moins profonds et ne correspondant pas au côté interne des reliefs longitudinaux ; plus faiblement convexe entre ces sillons ; par ses antennes d'un rouge flave ; par son prothorax légèrement anguleux sur les côtés; par ses élytres non ou peu sensiblement relevées en rebord sur les côtés de l'écusson et à la base jusqu'au troisième intervalle; marquées de deux rangées de points assez régulières en dehors du septième intervalle ; par l'intervalle sutural et le troisième à peine plus relevés que les voisins : les cinquième et septième seuls relevés en forme de côtes.

Quand l'insecte est dans son état normal, le dessus du corps est d'un noir mat, un peu métallique, très-brièvement pubescent; quand la matière colorante n'a pas eu le temps de se développer suffisamment , les élytres sont parfois d'un noir verdâtre ou bronzé, et si le duvet a disparu, elles sont un peu luisantes.

Obs. — Nous avons vu dans quelques collections, sous le nom de *Elmis Combœ,* des individus qui sont à peine une variété de la *L. aenea;* ils ont les cinquième et septième intervalles paraissant un peu plus tranchants et les points des troisième et quatrième, cinquième et sixième stries transversalement unis

3. Lareynia obscura, Mueller.

Ovalaire ; d'un noir métallique et faiblement luisant en dessus. Antennes d'un rouge testacé. Sillons du front correspondant à un point du dos du prothorax presque aussi rapproché de la ligne médiane que des lignes

suillantes. Élytres de moitié à peine plus longues sur la ligne médiane que larges aux épaules ; à stries ponctuées ; relevées en rebord sur les côtés de l'écusson et à la base jusqu'au quatrième intervalle : les troisième, cinquième et septième et faiblement le sutural relevés en forme de côtes : le septième caréniforme.

Limnius obscurus, Ph. W. J. MUELLER, *in* ILLIG. Mag. t. V, p. 204, 7.
Elmis obscurus, ERICSH. Naturg. t. III, p. 527, 3. — STURM. Deutsch. Faun. t. XXIII, p. 9, pl. 410, C. — L. REDTENB. Faun. Austr. p. 412. — GEMM. et HAROLD, Catal. t. III, p. 935.
Lareynia obscurus, J. DU VAL, Gener. t. II, p. 123.

Long., 0^m,0015 (2/3 l.).

Corps ovalaire ; d'un noir brun métallique, faiblement luisant et peu distinctement pubescent en dessus. *Antennes* d'un rouge testacé. *Tête* pointillée. *Labre* et partie antérieure du front convexes : celui-ci creusé de deux sillons correspondant chacun à un point du dos du prothorax presque aussi rapproché de la ligne médiane que de chaque relief longitudinal. *Prothorax* faiblement et un peu anguleusement arqué sur les côtés ; d'un tiers plus large à la base que long sur sa ligne médiane ; presque glabre ; convexe sur son disque ; chargé de chaque côté du dos d'un relief longitudinal ; creusé, entre ces deux reliefs, au devant de la base, d'un sillon transverse arqué en arrière ; densement et très-finement ponctué sur le dos, moins finement sur les parties latérales. *Élytres* une fois à une fois et quart plus longues que le prothorax ; faiblement élargies en ligne à peu près droite jusqu'à la moitié ou un peu plus de leur longueur ; rétrécies ensuite en ligne d'abord courbe, puis presque droite et à peine sinuée près de l'extrémité ; en pointe un peu obtuse, prises ensemble, à l'angle sutural ; peu fortement convexes ; de moitié à peine plus longues sur la ligne médiane que larges aux épaules, prises ensemble ; paraissant presque glabres ; rayées chacune de six stries fines et marquées de points profonds, jusqu'au septième intervalle ; ponctuées et souvent d'une manière sériale en dehors de celui-ci ; relevées en rebord sur les côtés de l'écusson et à la base jusqu'au quatrième intervalle. *Intervalles* presque impointillés ; affaiblis ou moins distincts vers l'extrémité : le premier ou sutural et le deuxième assez faiblement et presque également convexes : les troisième et cinquième saillants, en forme de côtes convexes : le septième, en forme de côte caréniforme : les autres intervalles subconvexes en devant, planiuscules en arrière. *Dessous du corps* brun, parfois avec quelques parties d'un brun rouge. *Pieds* bruns : *tarses* d'un rouge fauve : *cuisses* parfois en partie d'un rouge brun.

Cette espèce se trouve dans les Vosges et dans quelques autres parties de la France ; mais elle est généralement peu commune.

Obs. La première strie des élytres est ordinairement subterminale : la deuxième un peu raccourcie en arrière : les troisième et quatrième, cinquième et sixième postérieurement pariales et raccourcies : toutes affaiblies postérieurement.

La *L. obscura* a beaucoup d'analogie avec l'*aenea* ; mais elle s'en distingue par une taille d'un tiers plus petite ; par son labre et son front convexe ; par ses élytres plus courtes, à peine de moitié plus larges sur la ligne médiane que larges aux épaules, rebordées sur les côtés de l'écusson et à la base jusqu'au quatrième intervalle, terminées en pointe peu obtuse à l'angle sutural ; par ses troisième, cinquième et septième intervalles en forme de côtes : les sutural, deuxième et quatrième convexes, presque aussi saillants les uns que les autres.

Elle s'éloigne de la *L. Maugeti* par sa taille sensiblement plus petite, par les sillons de son front correspondant chacun à un point presque aussi rapproché de la ligne médiane du prothorax que de chacun de ses reliefs longitudinaux, etc.

Genre *Elmis*, Elmis, Latreille.

Latreille, Hist. nat. des fourmis (1798), p. 396.

Caractères. Ajoutez à ceux de la branche et du rameau :

Front sans sillons. *Prothorax* presque en ligne droite sur la partie postérieure de ses côtés ; convexe sur le dos ; rayé de chaque côté de celui-ci d'une ligne longitudinale ou chargé d'un relief linéaire et longitudinal aboutissant à la troisième strie des élytres ou peu en dehors de celle-ci. *Écusson* petit, allongé. *Élytres* à intervalles non relevés en forme de côtes. *Corps* oblong.

Labre transverse. *Mandibules* bidentées à l'extrémité. *Mâchoires* à lobe externe petit. *Palpes maxillaires* un peu plus longs que les lobes ; de quatre articles distincts : le dernier presque aussi grand que les deux précédents réunis. *Languette* tronquée à son bord antérieur.

Les insectes de ce genre se distinguent de ceux du précédent par leur front sans sillons ; par le prothorax non creusé d'un sillon transverse ou arqué en arrière au devant du milieu de la base ; par les intervalles des élytres non relevés en forme de côtes.

Ajoutez pour les espèces suivantes :

Prothorax plus large aux angles postérieurs qu'aux antérieurs ; en angle dirigé en arrière dans le milieu de sa base. *Élytres* incourbées à l'angle huméral ; un peu plus larges aux épaules que le prothorax.

Tableau des espèces :

a Prothorax rayé, de chaque côté du dos, d'une ligne longitudinale plus ou moins convergente en devant vers sa pareille.
  b Lignes longitudinales du prothorax aboutissant chacune en arrière, entre la troisième et la quatrième strie des élytres, très-sensiblement convergentes en devant l'une vers l'autre. Écusson parallèle. Élytres pubescentes ; marquées de stries entièrement distinctes.   *Volckmari.*
  bb Lignes longitudinales du prothorax aboutissant chacune en arrière à la troisième strie.
    c Lignes longitudinales du prothorax très-sensiblement convergentes en devant l'une vers l'autre. Écusson parallèle sur la première partie de ses côtés, puis rétréci en angle aigu. Élytres presque glabres ; marquées de stries peu distinctes postérieurement.   *Germari.*
    cc Lignes longitudinales du prothorax peu convergentes en devant l'une vers l'autre. Écusson en triangle allongé. Élytres presque glabres. Prothorax d'un noir presque bronzé.   *opacus.*
aa Prothorax rayé, de chaque côté du dos, d'une ligne droite, parallèle avec sa pareille ; aboutissant à la troisième strie des élytres. Écusson subparallèle, avec l'extrémité arrondie. Élytres presque glabres. Dessus du corps bronzé.   *Muelleri.*

1. Elmis Volckmari , PANZER.

Oblong, d'un noir ou noir gris métallique, peu luisant en dessus. Antennes d'un rouge brunâtre, avec l'extrémité moins claire. Prothorax rayé, de chaque côté du dos, d'une ligne longitudinale un peu convergente en devant, vers sa pareille, et aboutissant en arrière entre la troisième et la quatrième strie des élytres. Écusson parallèle, arrondi à l'extrémité. Élytres paral-

lèles jusqu'aux quatre septièmes ; un peu en pointe ; subarrondies à l'angle sutural ; assez distinctement pubescentes ; rayées de stries ponctuées, entiè- rement distinctes. Intervalles pointillés. Dessous du corps un peu pubescent. Pieds d'un brun noir : tarses d'un rouge fauve.

Dytiscus Volckmari (HELWIG) PANZ. Faun. Germ. 7, 4.
Elmis Volckmari, LATR. Gener. t. II, p. 51, 2.— CURTIS, Brit. Entom. t. VII, pl. 294.
— STEPH. Illustr t. II, p. 106, 1.— HEER, Faun. Col. Helv. I, 469, 1.— ERICHS.
Naturg. t. III, p. 527, 1. — STURM, Deutsch. Faun. t. XXIII, p. 11, pl. 409. —
J. DU VAL, Gener. t. II, pl. 66, fig. 328. — L. REDTENB. Faun. Austr. p. 413.
— GEMM. et HAROLD, Catal. t. III, p. 936.
Limnius Volckmari, MUELLER (Ph. W. J.), *in* ILLIG. Mag. t. V, p. 195, 1.— GYLLENH.
Ins. Suec. t. II, p. XVII, 1, 2.

Long., 0m,0030 à 0m,0033 (1 2/5 à 1 1/2 l.) ; — larg., 0m,0013 (3/5 l.).

Corps oblong ; peu fortement convexe ; d'un noir ou noir gris métal- lique, peu luisant et garni de poils très-fins en dessus. *Antennes* d'un rouge brunâtre à la base, graduellement d'un brun rougeâtre à l'extrémité. *Tête* pointillée. *Prothorax* élargi d'avant en arrière, en ligne courbe sur sa moitié antérieure, en ligne presque droite sur sa postérieure ; rebordé latéralement ; d'un tiers environ plus large à la base que long sur sa ligne médiane ; convexe sur le dos ; rayé de chaque côté de celui-ci d'une ligne longitudinale sensiblement convergente en devant vers sa pareille, aboutissant postérieurement entre la troisième et la quatrième strie des élytres ; dense- ment et très-finement ponctué. *Ecusson* subparallèle, avec l'extrémité arron- die, d'un tiers au moins plus long que large. *Élytres* une fois et demie au moins plus longues que le prothorax ; subparallèles depuis les épaules jusqu'aux quatre septièmes ou un peu plus, rétrécies ensuite en ligne presque droite, un peu en pointe subarrondie, prises ensemble, à l'angle sutural ; de trois quarts environ plus longues sur la ligne médiane que larges aux épaules, prises ensemble ; médiocrement convexes sur le dos ; convexement déclives sur les côtés ; rayées chacune de huit ou neuf stries marquées de points crénelant peu les intervalles : les deux premières ter- minales : les troisième et quatrième plus courtes que la cinquième. *Inter- valles* très-finement ponctués : les internes plans ou planiuscules : les externes légèrement convexes : le troisième très-faiblement saillant à l'extrémité. *Dessous du corps* noir, finement pubescent ; plus densement ponctué sur la poitrine que sur le ventre ; chargé de faibles reliefs sur les côtés du métasternum. *Pieds* bruns ou d'un brun noir, avec les tarses d'un rouge fauve ou d'un rouge brunâtre.

Cette espèce habite une partie de nos provinces. On la trouve dans les environs de Lyon, dans le ruisseau d'Izeron et dans quelques autres de nos montagnes.

2. **Elmis Germari**, ERICHSON.

Obovale ou ovale oblong ; d'un noir métallique mi-brillant en dessus. Prothorax rayé, de chaque côté du dos, d'une ligne longitudinale fortement convergente en devant vers sa pareille, et aboutissant en arrière à la troisième strie des élytres. Écusson parallèle sur la partie antérieure de ses côtés, rétréci en angle aigu postérieurement. Élytres faiblement élargies jusqu'aux trois cinquièmes, obtusément arrondies à l'angle sutural ; presque glabres, avec l'extrémité pubescente ; rayées de stries marquées de points crénelant les intervalles, et peu distinctes postérieurement. Intervalles finement ponctués. Dessous du corps presque glabre. Pieds d'un brun noir ; tarses d'un rouge fauve.

Elmis Germari (MAERKEL) ERICHS. Naturg. t. III, p. 528, 5. — STURM, Deutsch. Faun. t. XXIII, p. 13, pl. 411, fig. A. — L. REDTENB. Faun. Austr. p. 413. — GEMM. et HAROLD, Cat. t. III, p. 935.

Long., 0^m,0030 à 0^m,0033 (1 2/5 à 1 1/2 l.) ; — larg., 0^m,0015 (2/3 l.)

Corps obovale ou ovale oblong ; peu fortement convexe ; d'un noir mi-brillant, métallique sur les élytres et paraissant glabre ou presque sans duvet en dessus. *Antennes* noires ou noirâtres, avec la base obscurément rougeâtre. *Tête* pointillée. *Prothorax* élargi d'avant en arrière, en ligne courbe sur la moitié antérieure de ses côtés, plus faiblement et en ligne peu courbe sur la postérieure ; rebordé latéralement ; de moitié environ plus large à la base que long sur sa ligne médiane ; plus convexe que les élytres ; rayé de chaque côté de son dos d'une ligne longitudinale, un peu plus convergente en devant vers sa pareille, aboutissant ordinairement à sa partie posté-rieure à la troisième strie des élytres; densement pointillé ou très-finement ponctué; peu pubescent. *Écusson* subparallèle sur les deux cinquièmes antérieurs de ses côtés, en angle aigu postérieursment; plus long que large. *Élytres* une fois et demie plus longues que le prothorax; à peine élargies en ligne à peu près droite depuis les épaules jusqu'aux trois cin-quièmes, rétrécies ensuite en ligne presque droite, obtusément et assez largement arrondies à l'angle sutural; de deux tiers environ plus longues sur la ligne médiane que larges aux épaules; médiocrement convexes sur le dos; presque glabres; rayées chacune de huit ou neuf stries assez pro-fondes et crénelant les intervalles : ces stries ordinairement affaiblies ou oblitérées à l'extrémité, qui est garnie d'une courte pubescence : les troi-sième et quatrième pariales postérieurement et plus courtes que les deuxième et cinquième. *Intervalles* finement mais visiblement pointillés ou ponctués; planiuscules sur la moitié interne, faiblement convexes sur l'externe. *Dessous du corps* noir; presque glabre; densement ponctué; chargé, sur les côtés du métasternum, de reliefs non prolongés ordinairement jusqu'au bord postérieur de cette partie; offrant le plus souvent un court relief un peu après la moitié de sa ligne médiane.

Cette espèce paraît habiter la plupart des parties montagneuses de nos provinces. On la trouve dans les ruisseaux des montagnes du Beaujolais, dans ceux de la chaîne du Pilat, etc.

Obs. L'*E. Germari* a quelque analogie avec le *Volckmari;* mais il en diffère par son corps proportionnellement plus court, relativement à sa largeur; paraissant presque glabre en dessus, au moins sur les élytres; d'un noir mi-brillant, surtout sur ces dernières; par ses antennes en partie noirâtres; par son prothorax rayé de lignes longitudinales aboutissant à la troisième strie des élytres; par son écusson en espèce de triangle sub-parallèle sur la partie antérieure de ses côtés; par ses élytres un peu élargies jusqu'aux trois cinquièmes, obtusément arrondies à l'angle sutu-ral; rayées de stries marquées de points qui crénèlent plus sensiblement les intervalles; par ses stries affaiblies ou peu distinctes à l'extrémité qui est un peu pubescente, etc.

3. Elmis opacus, Mueller.

Oblong ; d'un noir légèrement bronzé, luisant, presque glabre en dessus. Antennes d'un rouge testacé, avec l'extrémité moins claire. Prothorax peu arqué sur les côtés ; rayé de chaque côté du dos d'une ligne longitudinale peu convergente en devant vers sa pareille, aboutissant en arrière vers la troisième strie des élytres ou un peu en dehors. Écusson en triangle allongé. Élytres parallèles jusqu'aux trois cinquièmes, obtusément arrondies à l'angle sutural ; presque glabres ; rayées de stries, marquées de points crénelant les intervalles. Dessous du corps finement pubescent ; chargé, sur les côtés du métasternum d'un relief incourbé postérieurement. Pieds d'un brun noir : tarse d'un rouge fauve.

Limnius opacus (Ph. W. J. Mueller, *in* Illiger, Mag. t. V, p. 197, 2.
Elmis opacus, Erichs. Naturg. t. III, p. 529, 6. — Sturm. Deutsch. Faun. t. XXIII,
  p. 14, 6, pl. 411, fig. C. — L. Redtenb. Faun. Austr. p. 413. — Genm. et
  Harold, Catal. t. III, p. 936.

Long., 0^m,0028 (1 1/4 l.) ; — larg., 0^m,0009 (3/5 l.).

Corps oblong, assez étroit, médiocrement convexe ; d'un noir bronzé, et paraissant presque glabre, au moins sur les élytres, en dessus. *Antennes* d'un rouge testacé, avec l'extrémité souvent d'un rouge fauve ou brunâtre. *Tête* pointillée. *Prothorax* élargi d'avant en arrière en ligne peu arquée sur le tiers antérieur des côtés, en ligne presque droite sur le reste de ceux-ci ; rebordé latéralement ; d'un quart environ plus large à la base que long sur sa ligne médiane ; médiocrement convexe ; rayé de chaque côté de son dos d'une ligne longitudinale peu convergente en devant vers sa pareille, ou subparallèle avec celle-ci, aboutissant à sa partie postérieure vers la troisième strie des élytres ou un peu en dehors de celle-ci ; densement et souvent superficiellement pointillé. *Écusson* en triangle allongé. *Élytres* une fois et demie au moins plus longues que le prothorax ; subparallèles depuis les épaules jusqu'aux trois cinquièmes, rétrécies ensuite en ligne presque droite ou peu courbe, obtusément arrondies, prises ensemble à l'angle sutural ; de quatre cinquièmes plus longues sur la ligne médiane que larges aux épaules, prises ensemble ; paraissant glabres ; rayées chacune de huit ou neuf stries marquées de points profonds crénelant les intervalles : les stries externes réduites à des rangées de points : les troisième et quatrième, septième et huitième postérieurement plus courtes et pariales : les autres subterminales. *Intervalles* finement pointillés ; trois fois aussi larges que les stries, planiuscules. *Repli* presque lisse, sinueusement rétréci après l'extrémité de la poitrine. *Dessous du corps* finement pubescent ; noir, densement ponctué sur la poitrine, presque granuleusement sur le ventre ; chargé, sur les côtés du métasternum, d'un relief incourbé à son extrémité ; offrant souvent sur sa ligne médiane un court relief. *Pieds* d'un brun noir : *tarses* d'un rouge fauve.

Cette espèce paraît habiter la plupart de nos provinces. On la trouve dans nos ruisseaux des environs de Lyon, dans le Beaujolais, le Bugey, etc.

Obs. Quand la matière colorante n'a pas eu le temps de se développer suffisamment, les élytres sont d'un brun fauve ou même d'un fauve d'airain ou d'un fauve cuivreux. Quelques autres parties du corps sont aussi parfois moins obscures que dans l'état normal.

L'*E. opacus* s'éloigne des *Volckmari* et *Germari*, par sa taille plus faible ; par son prothorax élargi en ligne peu courbe sur la moitié antérieure de ses côtés, conformation qui rend les raies longitudinales situées de chaque côté du dos peu convergentes en devant ; par son mésosternum chargé, de chaque côté, d'un relief incourbé à son extrémité postérieure.

Il s'écarte d'ailleurs du *Germari* par son corps plus allongé, plus étroit, par ses élytres parallèles jusqu'aux trois cinquièmes, au lieu d'être faiblement élargies jusqu'à ce point. Il a plus de rapports pour la forme avec le *Volckmari ;* mais outre sa taille sensiblement plus petite, il s'en distingue par la figure de son écusson, par ses élytres paraissant glabres, plus obtusément et plus largement arrondies à leur extrémité.

4. Elmis Muelleri, ERICHSON.

Oblong, bronzé, luisant, presque glabre en dessus. Antennes d'un brun rougeâtre, avec l'extrémité plus foncée. Prothorax élargi en ligne droite sur la seconde moitié de ses côtés ; rayé de chaque côté du dos d'une ligne longitudinale droite, aboutissant en arrière à la troisième strie des élytres.

*Écusson subparallèle, arrondi à l'extrémité. Élytres subparallèles jus-
qu'aux quatre septièmes, obtusément arrondies à l'angle sutural, rayées de
stries marquées de points crénelant les intervalles. Dessous du corps peu
pubescent, chargé sur les côtés du métasternum d'un relief incourbé postérieurement. Pieds bruns. Tarses plus clairs.*

Elmis Mülleri, Erichs. Naturg. t. III, p. 529, 7.— Sturm, Deutsch. Faun. t. XXIII,
    p. 16, 7, pl. 411, fig. B. — Gemm. et Harold, Catal. t. III, p. 936.

Long., 0^m,0020 à 0^m,0022 (9/10 à 1 l.) ; — larg., 0^m,0009 (2/5 l.).

Corps oblong ; peu fortement ou assez convexe ; d'un bronzé un peu
luisant et paraissant à peu près glabre en dessus. *Antennes* d'un brun
rougeâtre, avec l'extrémité plus foncée. *Tête* pointillée. *Prothorax* élargi
en ligne courbe sur la moitié antérieure de ses côtés, et en ligne droite sur
la seconde ; rebordé latéralement ; d'un quart environ plus large à la base
que long sur sa ligne médiane ; convexe sur le dos, rayé de chaque côté
de celui-ci d'une ligne longitudinale droite, parallèle avec sa pareille,
aboutissant postérieurement à la troisième strie des élytres ; ruguleusement et peu finement ponctué. *Écusson* de moitié au moins plus long que
large ; parallèle avec l'extrémité arrondie. *Élytres* incourbées à l'angle
huméral, plus larges aux épaules que le prothorax ; deux fois environ
plus longues que lui ; subparallèles depuis les épaules jusqu'aux quatre
septièmes ou un peu moins, rétrécies ensuite, obtusément arrondies jusqu'à
la quatrième strie à l'extrémité ; assez régulièrement convexes ; d'une
teinte ordinairement moins obscure que le prothorax ; rayées chacune de
huit ou neuf stries fortement marquées de points crénelant les intervalles,
mais affaiblies postérieurement : la troisième postérieurement raccourcie :
la cinquième aboutissant en devant un peu en dedans des angles postérieurs. *Intervalles* trois fois aussi larges que les stries ; ruguleusement
pointillés. *Dessous du corps* noir, brun ou parfois d'un brun rouge ; finement
ponctué : reliefs des côtés du métasternum et du premier arceau ventral
un peu arqués en dehors et incourbés à l'extrémité. *Pieds* bruns ou d'un
brun rougeâtre, avec les tarses plus clairs.

Cette espèce est indiquée dans divers catalogues comme se trouvant en
France. Nous ne l'avons pas rencontrée dans les environs de Lyon.

L'*E. Mülleri* se distingue des trois espèces précédentes par son prothorax faiblement élargi en ligne droite sur la seconde moitié de ses côtés ; rayé de lignes longitudinales parallèles ; plus visiblement et moins finement ponctué.

Il s'éloigne d'ailleurs de l'*opacus*, ayant les lignes longitudinales moins convergentes en devant l'une vers l'autre, par son corps bronzé au lieu d'être d'un noir légèrement bronzé.

Genre *Riolus*, Riole, Mulsant et Rey.

Caractères. Ajoutez à ceux de la branche et du rameau :

Front sans sillons. *Prothorax* convexe ; sans raie et sans relief longitudinal de chaque côté de son dos ou de son disque ; sans sillon transverse au devant du milieu de sa base. *Écusson* petit, allongé. *Élytres* rayées de huit ou neuf stries ponctuées ; offrant au moins l'un de leurs intervalles saillant ou relevé en forme de côte. *Corps* oblong.

Parties de la bouche à peu près comme chez les *Elmis*.

Les insectes de ce genre se distinguent aisément de tous les autres du même rameau par leur prothorax sans raie ni sillon longitudinal, de chaque côté du dos ou du disque.

Tableau des espèces :

a Prothorax offrant de chaque côté deux sillons obliques : l'un près des angles postérieurs. Élytres offrant les troisième, cinquième et septième intervalles sensiblement plus saillants que les autres.   *cupreus.*

aa Prothorax n'offrant de chaque côté qu'un sillon oblique dirigé vers le milieu de la base.

b Dessus du corps garni d'un duvet apparent. Élytres peu convexes sur le dos, offrant le septième intervalle et moins sensiblement les troisième et cinquième un peu élevés en forme de côtes.   *subviolaceus.*

bb Dessus du corps d'un bronzé noir brillant et glabre sur les élytres. Septième intervalle de celles-ci relevé en forme de côte.   *nitens.*

1. **Riolus cupreus** , Mueller.

Ovalaire, bronzé, brillant et peu garni de poils en dessus. Prothorax élargi en arc faible sur les côtés, marqué d'un sillon oblique naissant près de la moitié des côtés et dirigé vers le milieu de la base, et d'un autre parallèle près de chaque angle postérieur. Élytres peu incourbées à l'angle huméral, assez faiblement plus larges que le prothorax , ovalaires, assez régulièrement convexes, marquées de stries fortement ponctuées. Intervalles une fois plus larges : les sutural, troisième, cinquième et septième sensiblement relevés en forme de côtes : les deuxième, quatrième et sixième planiuscules.

Limnius cupreus, Mueller (Ph. W. J.) *in* Illig. Mag. t. V, p. 205, 8.
Elmis cupreus, Steph. Illustr. t. II, p. 108, 7. -- Heer, Faun. Col. Helv. I, p. 470, 6. — Erichs. Naturg. t. III, p. 531, 11. — Sturm, Deutsch. Faun. t. XXIII, p. 22, 11, pl. 413, A. — L. Redtenb. Faun. Austr. p. 413. — Gemm. et Harold, Catal. t. III, p. 935.

Long., 0^m,0015 (2/3 l.).

Corps ovalaire ; convexe ; bronzé et garni de poils cendrés fins, couchés, peu serrés et peu apparents en dessus. *Antennes* tantôt d'un brun bronzé ou bronzées , avec la base d'un rouge testacé ; tantôt de cette dernière teinte, avec l'extrémité obscure ; tantôt entièrement d'un rouge pâle ou flave. *Prothorax* élargi d'avant en arrière en ligne faiblement arquée ; assez étroitement relevé en rebord sur les côtés ; ordinairement d'un cinquième plus large à la base que long sur la ligne médiane ; convexe ; finement et assez densement ponctué ; marqué, vers la moitié de chaque partie latérale, d'un large sillon obliquement dirigé près du milieu de la base, et ordinairement d'un autre, parallèle à ce dernier, près des angles postérieurs. *Écusson* petit, parallèle, avec l'extrémité anguleuse. *Élytres* peu incourbées à l'angle sutural, assez faiblement plus larges aux épaules que le prothorax ; près de deux fois plus longues que lui ; faiblement élargies en ligne un peu courbe jusqu'aux trois septièmes ou deux cinquièmes ;

rétrécies en ligne un peu courbe à partir de ce point ; à peine sinuées près de l'angle sutural ; largement et obtusément arrondies à ce dernier ; relevées latéralement en un rebord rétréci et affaibli vers l'extrémité ; assez régulièrement convexes ; marquées chacune de six stries fortement ponctuées jusqu'au septième intervalle ; marquées, en dehors de celui-ci, de trois stries plus faibles et plus serrées. *Intervalles* sutural, troisième, cinquième et septième saillants, plus ou moins relevés en forme de côtes : le septième plus sensiblement caréniforme, aboutissant à l'angle huméral : les deuxième, quatrième et sixième à peu près plans : tous ces intervalles une fois au moins plus larges que les stries. *Dessous du corps* variant du brun au rouge brunâtre ; garni d'un duvet fin et soyeux. *Pieds* variant du brun au rouge brunâtre sur les cuisses ; d'un rouge fauve sur les tarses. *Ongles* d'un rouge testacé.

Cette espèce habite la plupart de nos provinces, dans les ruisseaux d'eau claire. On la trouve dans les environs de Lyon, dans le Bugey, la Savoie, etc.

Obs. Quand la matière colorante noire n'a pas eu le temps de se développer suffisamment, le dessous du corps et les pieds, au lieu d'être bruns, passent au rouge brun ou brunâtre ; ordinairement alors les intervalles alternes des élytres sont moins saillants.

Souvent la partie comprise entre le petit sillon oblique, situé près de chaque angle postérieur du prothorax, et le sillon plus interne qui lui est parallèle se relève en une sorte de calus.

Le prothorax présente parfois, vers la moitié de sa longueur, les faibles traces d'une ligne transverse obsolète ou peu apparente.

2. **Riolus subviolaceus**, Mueller.

Ovalaire ; bronzé, peu luisant et garni en dessus de poils cendrés, fins, couchés, mais très-apparents. Prothorax élargi en ligne un peu courbe jusqu'à la moitié de ses côtés, subparallèle postérieurement ; souvent rayé, vers la moitié de sa longueur, d'une ligne ou dépression transverse légère ; marqué d'un sillon oblique naissant près du milieu de ses côtés et dirigé vers le milieu de sa base. Élytres incourbées à l'angle huméral et d'un cinquième plus larges aux épaules que le prothorax ; subparallèles jusqu'à la moitié de leur longueur ; peu convexes sur le dos ; convexement déclives sur les côtés ; rayées de stries fortement ponctuées. Intervalles une fois plus larges, subconvexes : le septième et moins sensiblement les troisième et cinquième saillants, en forme de faibles côtes.

Limnius subviolaceus (Nees d'Esenbeck), Mueller (Ph. W. J.), *in* Germar. Mag. t. II, p. 273.

Elmis subviolaceus, Heer, Faun. Col. Helv. I, p. 470, 7. — Erichs. Naturg. t. III, p. 531, 12. — Sturm. Deutsch. Faun. t. XXIII, p. 24, 12, pl. 413, fig. B. — L. Redtenb. Faun. Austr. p. 414. — Gemm. et Harold, Catal. t. III, p. 936.

Long., 0ᵐ,0020 à 0ᵐ,0022 (9/10 à 1 l.) ; — larg., 0ᵐ,0008 (3/10 l.),
à la base des élytres.

Corps ovalaire ; peu fortement convexe ; bronzé et garni de poils cendrés ou jaunâtres, fins, courts, couchés et très-apparents en dessus. *Antennes* bronzées ou d'un brun bronzé, avec la base d'un rouge fauve. *Prothorax* élargi en ligne peu courbe jusqu'à la moitié de ses côtés, puis subparallèle postérieurement ; assez étroitement relevé en rebord sur les côtés ; d'un sixième environ plus large à la base que long sur sa ligne médiane ; convexe ; finement et densement ponctué ; offrant parfois, vers la moitié de sa longueur, une dépression transversale souvent indistincte ; marqué de chaque côté, près du milieu de ses bords latéraux, d'un sillon obliquement dirigé de ce point vers le milieu de la base : ce sillon plus ou moins prononcé et parfois en partie obsolète. *Écusson* étroit, parallèle, avec l'extrémité anguleuse ou subarrondie. *Élytres* incourbées à l'angle huméral et d'un cinquième plus larges aux épaules que le prothorax à sa base, deux fois plus longues que lui ; subparallèles jusqu'à la moitié, rétrécies ensuite en ligne presque droite et à peine subsinuée jusqu'à l'angle sutural ; relevées latéralement en un rebord rétréci et affaibli à l'extrémité ; peu ou très-médiocrement convexes sur le dos, convexement déclives sur les côtés ; marquées chacune, jusqu'au septième intervalle, de six stries fortement ponctuées, mais affaiblies postérieurement : marquées, en dehors de ce septième intervalle, de trois stries plus serrées et ordinairement plus faibles. *Intervalles* subconvexes ; finement pointillés ; garnis de poils cendrés, fins, couchés, diversement dirigés : les sept premiers à partir de la suture une fois plus larges que les stries : le septième et moins sensiblement les troisième et cinquième légèrement ou sensiblement saillants : le septième aboutissant à l'angle huméral. *Dessous du corps* noir ou brun, souvent légèrement bronzé ; revêtu, surtout sur les côtés de la poitrine, d'un duvet soyeux, serré et brillant. *Pieds* bruns ou avec une légère teinte bronzée ; faiblement pubescents. *Ongles* d'un rouge testacé.

Cette espèce paraît habiter une grande partie de nos provinces. On la trouve dans les environs de Lyon, dans le Bugey, les Alpes, et elle se plaît souvent sous les pierres sur lesquelles tombe l'eau des cascades.

OBS. Le *R. subviolaceus* a beaucoup d'analogie avec le *cupreus*, mais il est généralement d'une taille d'un tiers moins petite. Il s'en distingue d'ailleurs par son corps visiblement garni de poils fins, cendrés, couchés, plus nombreux et plus apparents, privant sa cuirasse de l'éclat dont brille l'espèce précédente. Il s'éloigne en outre du *cupreus* par son prothorax subparallèle sur la partie postérieure de ses côtés ; souvent marqué d'une ligne ou dépression transverse vers la moitié de sa longueur ; marqué de sillons obliques plus longs et ordinairement plus prononcés ; par ses élytres sensiblement incourbées à l'angle huméral et d'un cinquième plus larges aux épaules que le prothorax, subparallèles ou faiblement élargies en ligne presque droite jusqu'à la moitié ou un peu plus de leur longueur, au lieu d'être élargies en ligne un peu courbe jusqu'aux deux cinquièmes ou trois cinquièmes et par conséquent sensiblement arquées sur les côtes jusqu'aux deux cinquièmes (ce qui donne au *cupreus* une forme plus ovale), peu convexes sur le dos et convexement déclives sur les côtés, au lieu d'être assez régulièrement convexes ; par l'intervalle sutural peu ou point saillant, par les troisième et cinquième, souvent assez faiblement plus saillants que les autres, par les deuxième, quatrième et sixième intervalles subconvexes au lieu d'être planiuscules.

3. **Riolus nitens**, MUELLER

Ovalaire, opaque et souvent noirâtre sur le prothorax , d'un bronzé mi-brillant sur les élytres. Antennes d'un rouge flave. Prothorax élargi en ligne un peu arquée sur sa première moitié, subparallèle sur la seconde, offrant souvent de chaque côté les traces d'un sillon oblique dirigé vers le milieu de la base. Élytres un peu incourbées à l'angle huméral ; plus larges aux épaules que le prothorax ; ovalaires ; assez régulièrement convexes ; à stries fortement ponctuées. Intervalles une fois plus larges ; convexes : le septième relevé en carène médiocrement saillante.

Limnius cupreus, Gyllenh. (Ins.Suec, t. 1, p. 554, 3.)
Limniu nitens, Mueller (Ph. W. J.), Germar, Mag. t. II 1817), p. 273.
Limnius orichalceus, Gillenh. Ins. Suec. t. IV (1817), p. 39.
Elmis orichalceus, Heer, Faun. Col. Helv. I, p. 470, 8.
Elmis nitens, Erichs, Naturg. t. III, p. 533, 14. — Sturm, Deutsch. Faun. t. XXIII, p. 28, 14, pl. 413, fig. D. — L. Redtenb. Faun. Austr. p. 413. — Gemm. et Harold, Catal. t. III, p. 935.

Long., 0^m,0014 (2/3 l.).

Corps ovalaire ; ordinairement mat et obscur sur le prothorax, d'un bronzé mi-brillant sur les élytres ; garni en dessus de poils cendrés, fins, couchés et clairsemés. *Antennes* d'un rouge fauve ou testacé. *Prothorax* élargi en ligne un peu courbe jusqu'à la moitié de ses côtés, parallèle sur la seconde ; relevé en rebord subhorizontal ou un peu en gouttière sur les côtés ; d'un tiers environ plus large à la base que long sur sa ligne médiane ; à angles postérieurs un peu plus prolongés en arrière que la partie médiane, terminés en angle aigu et embrassant un peu l'épaule ; convexe ; ruguleusement et très-finement pointillé sur le dos, moins finement près des bords latéraux ; offrant ordinairement les traces d'un léger sillon naissant vers le milieu des côtés et obliquement dirigé vers le milieu de la base. *Écusson*, petit, subparallèle, avec l'extrémité anguleuse. *Élytres* un peu incourbées à l'angle huméral; plus larges aux épaules que le prothorax ; un peu arquées sur les côtés jusqu'aux trois cinquièmes ou deux tiers ; offrant vers les deux cinquièmes leur plus grande largeur ; rétrécies postérieurement et assez largement obtuses ou obtusément arrondies à l'angle sutural; convexes ; rayées de stries fortement ponctuées ; affaiblies postérieurement : la sixième plus profonde. *Intervalles* une fois plus larges ; peu distinctement pointillés ; subconvexes : le septième à partir de la suture, naissant de l'angle huméral, sensiblement plus saillant en forme de côte tranchante, surtout quand il est examiné de dedans en dehors : les troisième et cinquième souvent un peu plus élévés que leurs voisins. *Dessous du corps* brun ou brun noir, parfois d'un brun rougeâtre ; revêtu, surtout sur les côtés de la poitrine, d'un duvet fin et soyeux. *Pieds, cuisses* et *jambes* bruns : *tarses* et *ongles* d'un rouge testacé.

Cette espèce paraît habiter la plupart de nos provinces. Elle n'est pas rare dans les ruisseaux de nos montagnes, dans les cascades, etc.

Ors. Quelquefois la tête et le prothorax paraissent d'un noir brun, à peine bronzé.

Quand la matière colorante a un peu fait défaut, le dessous du corps, les cuisses et les jambes passent du brun noir au rouge brun ou brunâtre, et les élytres prennent parfois une teinte d'un bronzé fauve.

Le R. *nitens* s'éloigne des deux espèces précédentes par son prothorax un peu plus large à la base ; moins étroitement relevé en rebord sur les côtés ; par ses élytres n'offrant ordinairement que le septième intervalle bien sensiblement plus élevé que les autres en forme de côte caréni-forme. Il s'éloigne du *subviolaceus* par son corps peu garni de poils et luisant sur les élytres ; par celles-ci ovalaires au lieu d'être subparallèles sur leur première moitié, assez régulièrement convexes ; il se distingue du *cupreus*, avec lequel il a plus de rapports de forme, par son prothorax subparallèle sur la seconde moitié de ses côtés ; non rayé d'un sillon oblique, près des angles postérieurs ; par ses élytres sensiblement plus larges que le prothorax, n'offrant pas trois des intervalles alternes relevés en forme de côtes.

Erichson a décrit une quatrième espèce de ce genre que nous n'avons pas eue sous les yeux et que nous ne savons pas avoir été trouvée en France. En voici la phrase diagnostique :

Riolus sodalis, ERICHSON. *Nigro-aeneus, subnitidus, prothorace subtiliter punctato, ante medium obsolete transversim impresso, elytris subtiliter punctato-striatis, interstitiis subtiliter rugosis, secundo quartoque apicem versus leviter elevatis, sexto carinato.*

Elmis sodalis, ERICHS. Naturg. t. III, p. 532, 13. — STURM. Deutsch. Faun. t. XXIII, p. 26, 13, pl. 413, fig. C. — GEMM. et HAROLD, Catal. t. III, p. 936.

Long., 0^m,0022 (1 lig.).

PATRIE : la Bavière supérieure.

Cette espèce s'éloigne des autres de ce genre par son prothorax offrant ses angles postérieurs plus saillants de côté ; par ses élytres plus fortement élargies avant leur rétrécissement postérieur ; marquées de stries plus fortement ponctuées ; par les troisième et cinquième intervalles, à partir de la suture, légèrement élevés vers leur extrémité : le septième relevé en forme de côte caréniforme

Cette espèce a été découverte par M. Kriechbaumer, près de Bruck, sous les pierres, dans l'Amper, en compagnie des *cupreus* et *nitens*.

Genre *Esolus*, ÉSOLE, Mulsant et Rey.

CARACTÈRES. Ajoutez à ceux de la branche et du rameau :
Front sans sillons. *Prothorax* rayé d'une ligne longitudinale ou chargé d'un relief linéaire longitudinal de chaque côté de son disque. *Écusson* petit, étroit. *Élytres* offrant au moins le troisième intervalle saillant ou relevé en forme de côte.
Parties de la bouche à peu près comme chez les *Elmis*.

Les insectes de cette coupe se distinguent de *Lareynia* par leur front sans sillons ; des *Elmis* par le septième intervalle au moins relevé en forme de côte ; des *Riolus* par leur prothorax paré d'une raie ou d'un relief longitudinal de chaque côté de son disque; des *Limnius* par leur écusson étroit.

Tableau des espèces :

A Corps noir en dessus; suballongé, trois fois environ aussi long
   que large.
B Prothorax d'un cinquième plus large que long ; chargé de deux
   lignes saillantes subparallèles. Élytres parallèles jusqu'aux
   quatre septièmes ; à cinquième intervalle sensiblement saillant
   postérieurement.   *parallelipipedus.*

BB Prothorax près de moitié plus large que long; chargé de deux
lignes saillantes incourbées en devant. Élytres parallèles jusqu'aux trois cinquièmes; à cinquième intervalle plan sur toute
sa longueur.   *angustatus*.

A Corps noir sur la tête et le prothorax, bronzé ou d'un brun fauve
sur les élytres; ovalaire; deux fois et demie aussi long que large.
Prothorax chargé de deux lignes saillantes droites. Élytres subparallèles jusqu'aux deux tiers; à cinquième intervalle souvent peu
sensiblement et obtusément saillant sur ses deux cinquièmes
postérieurs.   *pygmaeus*.

1. Esolus parallelipipedus, MUELLER.

*Suballongé, faiblement convexe et d'un noir luisant en dessus. Antennes
d'un rouge pâle. Prothorax faiblement incourbé en devant, chargé de chaque
côté d'une ligne longitudinale saillante, subparallèle avec sa pareille,
aboutissant postéricurement à la quatrième strie des élytres. Élytres une
fois et demie plus longues que le prothorax, subparallèles jusqu'aux quatre
septièmes, marquées de faibles stries assez fortement ponctuées. Intervalles
plans, presque impointillés : le septième relevé en une ligne caréniforme :
le cinquième relevé en ligne légèrement saillante postérieurement. Pieds
d'un rouge brun.*

Limnius parallelipipedus, MUELLER (Ph. W. J.) *in* ILLIG. Mag. t. V, p. 200, 4.
Elmis parallelipipedus, STEPH. Illustr. t. II, p. 108, 6, pl. 13, fig. 5. — HEER, Faun.
Col. Helv. I, p. 469, 2. — ERICHS. Naturg. t. III, p. 530, 8. — STURM, Deutsch.
Faun. t. XXIII, p. 17, pl. 412, fig. A. — L. REDTENB. Faun Austr. p.413.—
GEMM. et HAROLD, Catal. p. 936.
Stenelmis parallelipipedus, STEPH. Manual, p. 83, 639.

Long., 0ᵐ,0011 (1/2 l.) ; — larg., 0ᵐ,0004 (1/6 l.).

Corps oblong ou suballongé; faiblement convexe, d'un noir luisant et
presque glabre en dessus. *Antennes* d'un rouge flave ou pâle. *Prothorax*
élargi en ligne peu courbe sur les trois cinquièmes antérieurs de ses côtés,
subparallèle sur le reste de ceux-ci; d'un cinquième plus large à la base
que long sur sa ligne médiane; finement pointillé; chargé, de chaque côté
de son disque, d'une ligne longitudinale saillante un peu plus rapprochée

du bord externe en devant que près de la base, et paraissant subparallèle avec sa semblable, aboutissant postérieurement à la quatrième strie des élytres. *Écusson* en triangle étroit, allongé. *Élytres* à peine plus larges en devant que le prothorax ; une fois et demie plus longues que lui ; subparallèles jusqu'aux quatre septièmes ; rétrécies ensuite en ligne presque droite ; subarrondies, prises ensemble, à l'angle sutural ; faiblement convexes ; marquées de faibles stries assez fortement ponctuées, affaiblies postérieurement et souvent presque réduites à des rangées striales de points. *Intervalles* presque impointillés : les six premiers plans : le septième, à partir de la suture naissant de la base d'un point intermédiaire entre la ligne longitudinale saillante du prothorax et l'angle postérieur, ou un peu plus rapproché de ce dernier, relevé en un relief caréniforme et non prolongé tout à fait jusqu'à l'extrémité : le cinquième légèrement saillant vers son extrémité. *Dessous du corps* brun, parfois d'un brun rouge, surtout sur le ventre. *Pieds* d'un rouge brunâtre, souvent moins clair sur les cuisses.

2. Esolus angustatus, Mueller.

Suballongé, faiblement couvexe et d'un noir luisant ou mi-brillant en dessus. Antennes d'un rouge pâle. Prothorax incourbé en devant, chargé de chaque côté d'une ligne longitudinale saillante incourbée en devant vers sa pareille, aboutissant postérieurement aux troisième et quatrième stries réunies des élytres. Élytres deux fois environ plus longues que le prothorax, subparallèles jusqu'aux trois cinquièmes, marquées de rangées striales de points ou de faibles stries ponctuées, affaiblies postérieurement. Intervalles plans, presque impointillés : le septième relevé en une ligne caréniforme : le cinquième sans saillie postérieure. Pieds d'un brun rouge ou rouge brun.

Limnius angustatus, Mueller (Ph. W. J.) *in* Germar, Mag. t. IV(1821), p. 187, 3. — Erichs. Naturg. t. III, p. 530, 9. — Sturm, Deutsch. Faun. t. XXIII, p. 19, 9, pl. 412, fig. B. — L. Redtenb. Faun. Austr. p. 413. — Genn. et Harold, Catal. t. III, p. 936.

Long., 0^m,0018 (4/5 l.) ; — larg., 0^m,0006 (2/7 l.).

Corps suballongé ; faiblement convexe ; d'un noir luisant ou mi-brillant, et presque glabre en dessus. *Antennes* d'un rouge flave ou pâle. *Prothorax* élargi en ligne courbe sur sa moitié antérieure et en ligne presque droite sur la postérieure ; près de moitié plus large à la base que long sur sa ligne médiane ; superficiellement et ruguleusement pointillé ; chargé de chaque côté de son disque d'une ligne longitudinale saillante , un peu sinuée ou arquée en dehors, vers la moitié de sa longueur, et sensiblement incourbée en devant vers sa pareille, aboutissant postérieurement aux troisième et quatrième stries réunies des élytres. *Écusson* étroit, en triangle allongé. *Élytres* faiblement ou à peine plus larges en devant que le prothorax ; deux fois environ plus longues que lui ; subparallèles jusqu'aux trois cinquièmes, rétrécies ensuite jusqu'à l'angle sutural ; très-médiocrement ou faiblement convexes ; marquées de rangées striales de points ou de très-légères stries ponctuées et affaiblies postérieurement : les troisième et quatrième réunies en devant. *Intervalles* plans, imperceptiblement pointillés : le septième à partir de la suture, naissant d'un point de la base intermédiaire entre la ligne longitudinale saillante du prothorax et l'angle postérieur, un peu raccourcie à l'extrémité : le cinquième non saillant postérieurement. *Dessous du corps* brun noir, brun ou d'un brun rougeâtre. *Pieds* d'un brun rouge ou rouge brun ou brunâtre.

Obs. L'*E. angustatus* a quelque analogie avec le *parallelipipedus*, mais il est une fois moins petit ; il en diffère par son corps paraissant proportionnellement un peu plus allongé ; par son prothorax plus sensiblement arqué en avant, chargé d'une ligne longitudinale saillante, sensiblement incourbée en devant vers sa pareille ; près de moitié plus large que long ; par ses élytres deux fois environ plus longues que le prothorax, terminées en angle plus vif à l'angle sutural ; marquées de stries plus faibles ; ordinairement réduites à des rangées striales de points : les troisième et quatrième à partir de la suture unies en devant ; et surtout par le cinquième intervalle plan et non relevé en ligne saillante vers son extrémité.

3. Esolus pygmaeus, Muéller.

Ovalaire , médiocrement convexe , noir sur la tête et le prothorax, variant du bronzé au brun fauve sur les élytres. Antennes d'un flave rougeâtre. Prothorax d'un tiers plus large que long, chargé de chaque côté de son disque d'une ligne saillante à peu près droite, un peu plus rapprochée de sa pareille à la base que vers le tiers antérieur, aboutissant postérieurement aux troisième et quatrième stries réunies des élytres. Élytres subparallèles jusqu'aux deux tiers, obtuses à l'angle sutural , rayées de stries assez fortement ponctuées. Intervalles plans : le septième relevé en ligne caréniforme. Pieds d'un rouge flave.

Limnius pygmaeus, Muéller (Ph. W. J.) *in* Illig Mag. t. V, p. 201, 5.
Elmis pygmaeus, Erichs. t. III, p. 530, 10. — Sturm. Deutsch. Faun. t. XXIII,
    p. 21, 10, pl. 412, fig. C. — L. Redtenb. Faun. Austr. p. 413. — Genm. et
    Harold. Catal. t. III, p. 936.

Long., 0ᵐ,0008 à 0ᵐ,0009 (1/3 à 2/5 l.) ; — larg., 0ᵐ,0003 (1/7 l.).

Corps oblong ; médiocrement convexe, presque glabre et peu luisant en dessus. *Antennes* d'un flave rougeâtre. *Tête* noire. *Prothorax* élargi assez faiblement d'avant en arrière sur les côtés, en ligne un peu incourbée en devant, droite postérieurement ; d'un tiers environ plus large à la base que long sur sa ligne médiane ; noir ; assez convexe, très-finement et presque granuleusement ponctué ; chargé, de chaque côté de son disque, d'une ligne longitudinale saillante , à peu près droite, subparallèle avec sa pareille ou un peu plus rapprochée de celle-ci à la base que vers le quart antérieur, aboutissant postérieurement aux troisième et quatrième stries réunies des élytres. *Écusson* étroit, en triangle allongé. *Élytres* à peine plus larges en devant que le prothorax ; près de deux fois plus longues que lui ; subparallèles ou faiblement élargies jusqu'aux deux tiers, rétrécies ensuite, obtuses à l'angle sutural ; bronzées, d'un brun bronzé ou d'un brun fauve ; rayées de stries assez fortement ponctuées et peu affaiblies vers l'extrémité : la première, ordinairement la plus profonde : les deuxième et troisième raccourcies postérieurement : la troisième unie en devant à la quatrième : celle-ci prolongée jusqu'à l'extrémité. *Intervalles* imperceptiblement pointillés : les six premiers à partir de la suture plans : le troisième naissant de la base d'un point intermédiaire entre la ligne saillante du prothorax et l'angle postérieur, ou un peu plus rapproché de celle-là , relevé en ligne caréniforme un peu raccourcie postérieurement : le cinquième parfois à peine sensiblement et obtusément saillant sur ses deux cinquièmes postérieurs. *Dessous du corps* brun ou d'un brun rougeâtre. *Pieds* d'un rouge flave ou d'un rouge testacé.

Obs. L'*E. pygmaeus* se distingue du *parallelipipedus* , dont il égale à peine la taille, par son corps proportionnellement plus large , ovalaire au lieu d'être suballongé ; par son prothorax plus large, plus faiblement incourbé en devant ; chargé de lignes longitudinales à peu près droites , un peu plus rapprochées entre elles vers la base que vers le quart antérieur ; par ses élytres parallèles jusqu'aux deux tiers , plus largement obtuses à l'angle sutural ; variant entre le bronzé et le brun fauve ; marquées de stries moins faibles ; par les troisième et quatrième unies en devant ; par le cinquième intervalle presque indistinctement et obtusément saillant sur son tiers postérieur. Il s'éloigne de l'*angustatus* par la forme de son corps ; par les lignes saillantes de son prothorax à peu près droites ; par ses élytres plus courtes, autrement colorées, subparallèles jusqu'aux deux tiers ; obtusément et assez largement arrondies à l'angle sutural ; offrant le cinquième intervalle souvent légèrement et obtusément relevé sur ses deux cinquièmes postérieurs.

Genre *Dupophilus* , Dupophile , Mulsant et Rey.

Caractères. Ajoutez à ceux de la branche et du rameau :

Front sans sillons. *Prothorax* chargé d'un relief longitudinal linéaire ou rayé d'une ligne longitudinale, de chaque côté de son disque et aboutissant à la quatrième strie des élytres. *Écusson* en losange ou suborbiculaire. *Élytres* rayées de quatre stries ponctuées jusqu'au cinquième intervalle : la sixième aboutissant à l'angle huméral. *Intervalles :* les quatre premiers de même largeur : les cinquième , sixième et septième légèrement saillants.

Parties de la bouche à peu près comme chez les *Elmis*.

Obs. L'insecte sur lequel repose cette coupe semble faire le passage des premiers Elmisates avec les *Limnius*. Il se rapproche des premiers par ses intervalles des élytres égaux, par son corps ovalaire. Il se lie aux seconds par son écusson en losange aussi large que long ou suborbiculaire ; par les lignes longitudinales du prothorax aboutissant à la quatrième strie des élytres ; par le cinquième intervalle sensiblement saillant au côté externe de cette quatrième strie, etc. ; mais il s'éloigne des Limnius par son cinquième intervalle égal aux autres ; par sa sixième strie et non la cinquième s'avançant vers l'angle huméral, etc.

1. **Dupophilus brevis**, Mulsant et Rey.

Ovalaire, peu fortement convexe, d'un noir luisant ou un peu métallique et garni de poils fins, couchés et peu apparents en dessus. Prothorax offrant vers les deux tiers sa plus grande largeur, obsolètement pointillé sur son disque, chargé, de chaque côté de celui-ci d'une ligne longitudinale parallèle au bord externe. Écusson en losange. Élytres une fois et quart plus longues que le prothorax ; subparallèles jusqu'aux trois cinquièmes, notées chacune de quatre stries marquées de points assez gros et peu profonds : la sixième naissant de l'angle huméral. Cinquième, sixième et septième intervalles légèrement relevés à leur côté interne. Pieds bruns : tarses et antennes d'un rouge fauve.

Elmis nigritus (Chevrolat).

Long., 0^m,0020 à 0^m,0022 (1 l.) ; — larg., 0^m,0011 (1/2 l.).

Corps ovale ; d'un noir luisant ou un peu métallique et garni de poils fins, couchés et peu apparents en dessus. *Antennes* d'un rouge fauve ou d'un rouge testacé, prolongées jusqu'aux quatre cinquièmes des côtés du prothorax. *Tête* densement pointillée ; finement pubescente. *Prothorax* élargi en ligne arquée sur les côtés, offrant vers les deux tiers sa plus grande largeur ; rebordé latéralement ; échancré au devant de l'écusson, à la base ; échancré en arc de chaque côté de cette partie médiaire, avec les angles postérieurs un peu plus prolongés en arrière que la partie médiaire ; convexe sur son disque ; chargé, de chaque côté de celui-ci, d'une ligne en relief, parallèle au bord latéral, convergente en devant vers sa pareille, et aboutissant postérieurement à la quatrième strie des élytres ; presque glabre ; superficiellement pointillé sur le dos, plus sensiblement sur les parties latérales. *Écusson* en losange ; presque lisse. *Élytres* faiblement plus larges que le prothorax à leur angle huméral ; en angle obtus à celui-ci ; une fois et quart à une fois et demie plus longues que le prothorax ; subparallèles ou faiblement élargies jusqu'aux quatre septièmes, rétrécies ensuite jusqu'à l'angle sutural ; médiocrement convexes ; rayées chacune de huit stries, marquées de points assez gros, mais peu profonds : les trois stries internes ordinairement un peu plus faibles : les deuxième et troisième postérieurement plus courtes et pariales : la quatrième plus profonde : la sixième dirigée vers l'angle huméral ou aboutissant à ce dernier. *Intervalles* finement ponctués : les sept premiers de longueur à peu près égale, au moins trois fois aussi larges qu'une strie : le cinquième légèrement saillant et subcrénelé au côté interne de la quatrième strie : les sixième, septième et huitième plus faiblement ou à peine saillants. *Dessous du corps* noir ou d'un noir brun. *Pieds* d'un brun noir, avec les tarses d'un rouge fauve ou brunâtre.

Cette espèce paraît rare en France. Nous l'avons prise sous les pierres sur lesquelles tombaient en cascade les eaux de l'Ardière (Rhône). Nous en avons vu, dans la collection de M. Chevrolat, un exemplaire provenant du nord de la France.

Genre *Limnius*, LIMNIE, Erichson.

ERICHSON, Naturg. d. Ins. Deutsch. t. III, p. 522.

CARACTÈRES. Ajoutez à ceux de la branche et du rameau :

Front sans sillons. *Prothorax* chargé d'un relief longitudinal linéaire, ou rayé d'une ligne longitudinale, de chaque côté de son disque, et aboutissant à la quatrième strie des élytres ; non creusé d'un sillon transverse au milieu de sa base. *Écusson* suborbiculaire. *Élytres* rayées de quatre stries ponctuées jusqu'au quatrième intervalle : la cinquième aboutissant ou à peu près à l'angle huméral. *Intervalles :* les quatre premiers égaux en largeur : le cinquième beaucoup plus large, saillant et crénelé au côté externe de la quatrième strie : l'intervalle suivant et le rebord latéral également saillants et crénelés.

Parties de la bouche à peu près comme chez les *Elmis*.

Ajoutez pour les espèces suivantes : *côtés de la tête, repli* du prothorax et *celui* des élytres garnis d'une fine pubescence. *Prothorax* élargi sur les côtés en ligne faiblement arquée ou légèrement anguleuse, offrant chacune des parties situées en dehors des lignes longitudinales un peu moins déclives. *Élytres* incourbées à l'angle huméral et un peu plus larges aux épaules que le prothorax, offrant la quatrième strie plus profonde ou paraissant telle par l'effet du cinquième intervalle saillant et crénelé.

Obs. Les insectes de ce genre sont très-reconnaissables à leur cinquième intervalle beaucoup plus large que les quatre précédents et aux autres caractères indiqués.

Quand la matière colorante n'a pas eu le temps de se développer, le dessus du corps, au lieu d'être noir ou brun, passe par toutes les teintes jusqu'au fauve. Dans ce cas, les trois premières stries des élytres sont plus ou moins affaiblies, réduites parfois à des rangées striales de points quelquefois même à peine moins petits que ceux des intervalles.

Tableaux des espèces :

a Prothorax rayé de chaque côté de son disque d'une ligne sinueuse. Corps oblong.
  b Prothorax d'un quart plus large que long ; pointillé sur son disque ; rayé de chaque côté de celui-ci d'une ligne longitudinale arquée du côté interne sur sa moitié antérieure, et en sens contraire sur la postérieure.   *rivularis.*
  bb Prothorax d'un tiers plus large que long ; superficiellement pointillé sur son disque ; rayé de chaque côté de celui-ci d'une ligne longitudinale peu arquée du côté interne sur sa moitié antérieure, plus rapprochée du bord externe et presque en ligne droite sur la postérieure.   *tuberculatus.*
a Prothorax chargé de chaque côté de son disque d'une ligne longitudinale droite ; de moitié au moins plus large que long. Corps ovalaire. *troglodytus.*

1. Limnius rivularis, Rosenhauer.

Oblong, assez étroit, médiocrement convexe, ordinairement d'un brun métallique, et garni de poils fins en dessus. Prothorax élargi d'avant en arrière, *en ligne arquée sur sa moitié antérieure, droite sur la posté-rieure ; d'un quart plus large que long, pointillé ; rayé, de chaque côté de son disque, d'une ligne longitudinale faiblement arquée du côté interne sur la première moitié et du côté externe sur la seconde. Élytres une fois et demie plus longues que le prothorax ; marquées chacune de quatre stries ponctuées : la quatrième profondément rayée, relevée et crénelée à son côté externe. Antennes et pieds d'un rouge pâle.*

Limnius rivularis, Rosenhauer. Die Thiere Andalusiens (1856), p. 113. — Gemm. e Harold, Catal. t. III, p. 936.

Long., 0ᵐ,0011 à 0ᵐ,0012 (1/2 à 7/12 l.) ; — larg., 0ᵐ,0005 (1/4 l.).

Corps oblong, médiocrement convexe ; variant du brun métallique au brun fauve à teinte métallique, et garni de poils fins en dessus. *Tête* d'un brun d'airain ; revêtue d'un duvet serré et luisant. *Antennes* d'un rouge pâle. *Prothorax* élargi d'avant en arrière sur les côtés, en ligne courbe sur la moitié antérieure de ceux-ci , en ligne presque droite sur la seconde ; d'un quart plus large à la base que long sur sa ligne médiane ; convexe sur son disque ; rayé, de chaque côté de celui-ci, d'une ligne arquée du côté du disque sur sa moitié antérieure et en sens contraire sur la posté-rieure ; visiblement pointillé ; garni de poils fins et couchés. *Élytres* faible-ment plus larges aux épaules que le prothorax ; une fois et demie plus longues que lui ; subparallèles depuis les épaules jusqu'aux trois cin-quièmes ou un peu moins, rétrécies ensuite en ligne presque droite, sub-arrondies prises ensemble à l'extrémité suturale ; médiocrement convexes ; marquées chacune de quatre stries ponctuées : les trois premières plus ou moins faibles : la quatrième plus marquée, constituant en devant une fossette humérale profonde. *Intervalles des stries* plans, presque indis-tinctement marqués chacun d'une rangée de très-petits points donnant naissance à un poil fin : le cinquième, large, saillant et crénelé au côté externe de la quatrième strie ; offrant, entre ce relief et le bord externe, des traces d'une autre ligne saillante et crénelée naissant de l'angle huméral. *Dessous du corps* brun. *Pieds* d'un rouge fauve ou d'un rouge flave.

Cette espèce a été découverte par M. Rosenhauer sur les bords d'un ruisseau, dans les environs de Malaga. Elle nous a été envoyée d'Espagne par M. Seidlitz, et d'Hyères par M. Bauduer. Nous l'avons prise en Provence.

Obs. Elle a de l'analogie avec le *L. tuberculatus* ; elle s'en distingue par une taille plus petite, un corps plus étroit ; par son prothorax proportionnellement plus long, moins indistinctement ou plus sensiblement pointillé ; rayé de chaque côté de son disque d'une ligne longitudinale courbée du côté interne sur sa moitié antérieure, courbée du côté externe sur la postérieure.

2. Limnius tuberculatus, Mueller.

Oblong, médiocrement convexe ; d'un brun métallique et parfois d'un brun fauve avec teinte métallique, et garni de poils fins en dessus. Prothorax élargi d'avant en arrière en ligne légèrement arquée ; d'un tiers au moins plus large que long ; obsolètement pointillé sur son disque ; rayé de chaque côté de celui-ci d'une ligne longitudinale faiblement arquée du côté interne sur sa première moitié, plus rapprochée du bord externe et en ligne presque droite sur la seconde. Élytres une fois et demie plus longues que le prothorax ; subparallèles jusqu'aux trois cinquièmes ; marquées chacune de quatre stries ponctuées, jusqu'au cinquième intervalle : celui-ci large, saillant et crénelé à son côté interne. Antennes et pieds d'un rouge flave.

Limnius tuberculatus, Mueller (Ph. W. J.,)*in* Illig. Mag. t. V (1806), p. 199, 3. — Erichs. Naturg. t. III, p. 523, 1. — Sturm, Deutsch. Faun. t. XXII, p. 78, 1. — L. Redtenb. Faun. Austr. p. 414. — J. du Val, Gener. pl. 66 (*Parnides*), fig. 330.
Elmis Dargelasi, Latreille, Gener. t. II (1807), p. 51, 3. — Gemm. et Harold, Catal. t. III, , p. 936.
Elmis tuberculatus, Steph. Illustr. t. II, p. 106, 2. — Heer, Faun. Col. Helv. t. I, p. 469, 2.

Long., 0^m,0015 à 0^m,0016 (2/3 l.).

Corps oblong ; médiocrement convexe ; variant du brun noir métallique au brun fauve à teinte métallique, et garni de poils fins et couchés en dessus. *Tête* revêtue d'un duvet très-court, serré, soyeux et luisant. *Antennes* d'un rouge flave. *Prothorax* élargi d'avant en arrière sur les côtés, en ligne un peu arquée en dehors, à peine incourbée vers les angles postérieurs ; à peine rebordé latéralement ; d'un tiers au moins plus large à la base que long sur sa ligne médiane ; convexe sur son disque ; rayé, de chaque côté de celui-ci, d'une ligne longitudinale un peu arquée du côté interne, sur sa moitié antérieure, subsinuée et plus rapprochée du bord externe, à partir des trois cinquièmes ; superficiellement pointillé sur son disque, plus visiblement sur les côtés, garni de poils fins, couchés, peu apparents. *Élytres* une fois et demie plus longues que le prothorax ; subparallèles depuis les épaules jusqu'aux trois cinquièmes, rétrécies ensuite presque en ligne droite, subarrondies, prises ensemble, à l'extrémité suturale ; médiocrement convexes ; marquées de quatre stries ponctuées : les trois premières assez faibles sur la majeure partie de leur longueur : la première, plus profonde postérieurement et prolongée à peu près jusqu'à l'extrémité : les deuxième et troisième graduellement plus courtes postérieurement : la quatrième profonde, surtout quand elle est vue du côté interne. *Intervalles* des stries parés chacun d'une rangée longitudinale de poils fins, mais assez apparents : le cinquième large, saillant et crénelé près de la quatrième strie ; offrant entre ce relief et le bord externe une autre ligne saillante et crénelée naissant de l'angle huméral. *Dessous du corps* d'un brun fauve. *Pieds* d'un rouge flave.

Cette espèce habite la plupart de nos provinces, sur le bord des mares et des ruisseaux.

Obs. Le *L. tuberculatus* a beaucoup d'analogie avec le *rivularis*, et à première vue, on pourrait être tenté de le considérer comme une variété de celui-ci ; cependant il est de taille moins exiguë, proportionnellement plus large ou moins étroit ; il a le prothorax faiblement et presque uniformément arqué sur les côtés, d'un tiers au moins plus large que long ; rayé d'une ligne peu arquée du côté interne sur sa moitié antérieure, peu sinué à sens contraire sur sa moitié postérieure ; plus superficiellement ponctué, etc.

Suivant Erichson, il faudrait rapporter à des variétés du *L. tuberculatus*, les trois *Elmis* suivant de Stephens.

Elmis variabilis, Steph. Illustr. t. II, p. 107, 3, pl. 13, fig. 4. — *Id.* Man, p. 82, 631.

Elmis laustris (Spence), Steph. Illustr. t. II, p. 107, 4. — *Id.* Man. p. 82, 632.

Elmis fluviatilis, Steph. Illust. t. II, p. 107, 5. — *Id.* Man. p. 82, 633.

3. Limnius troglodytes, Gyllenhal.

Ovalaire, convexe, variant du brun noir métallique au fauve à teinte métallique et garni de poils fins en dessus. Prothorax élargi d'avant en arrière, en ligne arquée sur sa première moitié, presque droite sur la seconde ; de moitié au moins plus large que long ; rayé de chaque côté de son disque d'une ligne longitudinale droite, subparallèle au bord externe. Élytres subparallèles jusqu'aux deux tiers ; marquées chacune de quatre stries ponctuées ou rangées striales de points : la quatrième profonde, relevée et crénelée du côté externe. Antennes et pieds d'un rouge pâle.

Limnius tuberculatus, Gyllenh. Ins. Suec. t. II, add. p. xviii, 1, 2.
Limnius troglodytes (Dejean), Catal. (1821), p. 49. — Gyllenh. Ins. Suec. t. IV, append. p. 395, — Gemm. et Harold, Catal. t. III, p. 936.

Long., 0^m,0034 (3/5 l.) ; — larg., 0^m,0007 (1/3 l.).

Corps ovale oblong ; peu fortement convexe ; variant du brun noir métallique ou brun fauve, ou même au fauve brunâtre avec teinte métallique et garni de poils fins et couchés en dessus. *Tête* finement ponctuée ; peu densement pubescente. *Antennes* blondes ou d'un blond rougeâtre. *Prothorax* élargi d'avant en arrière sur les côtés, en ligne courbe sur la première moitié de ceux-ci, presque droite sur la seconde ; finement rebordé latéralement ; de moitié au moins plus large à cette dernière que long sur sa ligne médiane ; convexe sur son disque ; rayé de chaque côté de celui-ci d'une ligne longitudinale droite, à peu près parallèle au bord externe ; marqué de points fins, ordinairement moins larges près des côtés, garni de poils fins. couchés, médiocrement apparents. *Élytres* parfois à angle huméral assez vif, le plus souvent incourbées à cet angle, plus larges aux épaules que le prothorax ; une fois et quart plus longues que lui ; subparallèles ou à peine élargies jusqu'aux trois cinquièmes ou deux tiers ; rétrécies ensuite en ligne presque droite, et subarrondies, prises ensemble, à l'extrémité suturale ; convexes, marquées de quatre stries ponctuées : les trois premières assez faibles et parfois réduites à des rangées striales de points : la première, prolongée à peu près jusqu'à l'extrémité : les deuxième et troisième graduellement plus courtes postérieurement : la quatrième profonde, surtout quand elle est vue de dedans en dehors. *Intervalles* des stries garnis de poils fins, ne formant pas ordinairement une rangée longitudinale ; marqués d'une rangée de petits points : le cinquième plus large, saillant et crénelé au côté externe de la quatrième strie : offrant entre ce relief et le bord externe une autre ligne saillante et crénelée naissant de l'angle huméral. *Dessous du corps* variant du brun au fauve brunâtre. *Pieds* d'un rouge flave ou d'un rouge pâle.

Cette espèce se trouve dans la plupart de nos provinces, principalement dans nos zones froides et tempérées. On la prend dans nos montagnes lyonnaises. Elle nous a été envoyée des environs de Béziers, par M. Pellet.

Obs. Le *L. troglodytes* se distingue des *L. rivularis* et *tuberculatus*, par son corps moins allongé, proportionnellement plus large, plus convexe ; par son prothorax de moitié au moins plus large que long ; rayé, de chaque côté, d'une ligne longitudinale droite, presque parallèle avec le bord latéral, plus écartée de ce bord à sa partie postérieure que chez les espèces précédentes ; par ses élytres moins parallèles et faiblement élargies, jusqu'aux deux tiers environ, au lieu des trois cinquièmes, etc.

DEUXIÈME RAMEAU

LES STENELMISATES

Caractères. *Prothorax* au moins aussi long que large ; creusé, sur sa ligne médiane, d'un canal non avancé jusqu'au bord antérieur et un peu plus rétréci d'avant en arrière, avec les côtés de ce large sillon relevés. *Métasternum* non chargé d'une ligne en relief sur les côtés. *Premier arceau ventral* non chargé d'une ligne longitudinale en relief, formant le prolongement des bords de sa partie médiaire anguleusement avancée. *Jambes* dépourvues de cils ou d'une fine pubescence sur la seconde moitié de leur partie inféro-interne.

Ce rameau est réduit au genre suivant :

Genre *Stenelmis*, STENELMIS, L. Dufour.

L. DUFOUR, *Ann. des Sc. nat.*, 2ᵉ série, t. III (1835), p. 158.

CARACTÈRES. Ajoutez à ceux de la branche :

Front sans sillons. *Écusson* assez grand, ordinairement en triangle à côtés curvilignes. *Élytres* chargées chacune d'une côte longitudinale naissant de l'angle huméral. *Repli* subhorizontal, presque également assez étroit jusqu'à l'angle sutural. *Prosternum* assez large, reçu à son extrémité dans une entaille du mésosternum. *Mésosternum* une fois plus large que long. *Pieds* écartés entre eux à leur naissance ; assez allongés. *Cuisses* fortes. *Jambes* grêles. *Tarses* à dernier article à peu près aussi long que tous les précédents réunis. *Corps* allongé, subparallèle.

Parties de la bouche à peu près comme chez les *Elmis*.

Ajoutez pour les espèces suivantes :

Prothorax subparallèle sur le tiers antérieur de ses côtés ; légèrement arqué postérieurement et offrant vers la moitié de sa longueur sa plus grande largeur, finement rebordé sur les côtés. *Élytres* incourbées à l'angle huméral, plus larges aux épaules que le prothorax, subparallèles jusqu'à la majeure partie de leur longueur, rétrécies ensuite jusqu'à l'angle sutural.

1. Stenelmis canaliculatus, L. DUFOUR.

Allongé, subparallèle; d'un brun noir ou légèrement bronzé. Prothorax creusé sur son disque d'un canal bordé de chaque côté d'un relief; chargé près des bords latéraux d'un autre relief plus raccourci en devant et interrompu dans son milieu par un sillon un peu obliquement transverse. Élytres offrant la base du troisième intervalle et le sixième relevés en forme de côtes; marquées jusqu'à ce dernier de cinq stries on rangées striales de points et du commencement d'une autre entre la première et la seconde : ces rangées plus étroites que les intervalles.

Limnius canaliculatus, GYLLENH. Ins. Succ. t. I, p. 552, 1.

Stenelmis canaliculatus, L. Dufour, Ann. Sc. nat., 2e série, t. III, Zool. (1835), p. 160.
— Erichs. Naturg. t. III, p. 534, 1. — Sturm. Deutsch. Faun. t. XXIII, p. 33,
pl. 414. —L. Redtenb. Faun. Austr. p. 414.— Gemm. et Harold, Catal. t. III, p. 937.

Long., 0ᵐ,0028 à 0ᵐ,0033 (1 1/4 à 1 1/2 l.); — larg., 0ᵐ,0013 (3/5 l.).

Corps allongé ; d'un noir légèrement bronzé, peu luisant et paraissant presque glabre en dessus. *Antennes* d'un roux flave. *Tête* pointillée. *Prothorax* médiocrement convexe ; très-finement granuleux ; creusé sur sa ligne médiane d'un canal bordé de chaque côté d'un relief ; chargé entre chacun de ceux-ci et le bord externe d'un autre relief, moins droit, moins avancé près du bord antérieur, interrompu dans son milieu par un sillon un peu obliquement étendu jusqu'au relief juxta-médiaire. *Élytres* subparallèles jusqu'aux quatre septièmes ; marquées de stries ponctuées ou de rangées striales de points plus étroites que les intervalles; offrant entre la suture et le sixième intervalle cinq rangées de points et le commencement d'une sixième entre la première et la seconde; planiuscules sur le dos jusqu'au sixième intervalle, déclives sur les côtés. *Intervalles* un peu obsolètement ponctués ; convexiuscules : le troisième saillant en forme de côte jusqu'au tiers de sa longueur : le sixième, naissant du calus huméral, en forme de côte caréniforme presque jusqu'à l'extrémité. *Dessous du corps* à peine pubescent ; variant du brun noir au brun rouge. *Cuisses* et *jambes* ordinairement brunes. *Tarses* et *ongles* d'un rouge brunâtre.

Cette espèce nous a été envoyée par MM. L. Dufour et Perris. Nous l'avons prise dans la Grosne (Saône-et-Loire), aux racines des arbres trempant dans l'eau.

Obs. Les élytres ont des stries ponctuées, souvent réduites à des rangées striales de points plus ou moins affaiblies.
La couleur, surtout celle du dessous du corps et des pieds, varie suivant le développement de la matière colorante.

2. Stenelmis consobrinus, L. Dufour.

Allongé, subparallèle, d'un noir brun en dessus ; parfois d'un brun fauve sur les élytres. Prothorax creusé sur son dos d'un canal relevé en relief sur les côtés, chargé, près des bords latéraux, d'un relief interrompu par un sillon obliquement dirigé vers les cinq septièmes du canal médiaire. Élytres offrant le sixième intervalle relevé en forme de côte ; marquées jusqu'à celui-ci de cinq rangées striales de points presque carrés, plus larges que les intervalles. Antennes et tarses d'un roux testacé.

Stenelmis consobrinus, L. DUFOUR, Ann. des Sc. Nat. 2e série, t. III (1835), p. 161. — J. DU VAL, Gener. t. II, pl. 67, fig. 321. — GEMM. et HAROLD, Catal. t. III, p. 937.

Long., 0ᵐ,0030 à 0ᵐ,0033 (1 2/5 à 1 1/2 l.); — larg., 0ᵐ,0012 (1/2 l.).

Corps allongé ; très-médiocrement convexe ; d'un noir ou d'un brun de poix légèrement bronzé en dessus. *Antennes* d'un rouge flave. *Tête* densement et finement pointillée ; très-brièvement pubescente. *Prothorax* médiocrement convexe ; très-finement granuleux ou pointillé ; d'un noir ou brun de poix et paraissant très-brièvement pubescent ; creusé sur sa ligne médiane d'un sillon sensiblement relevé en relief sur les côtés, chargé entre chacun de ces derniers et le bord externe d'un relief longitudinal moins droit, non avancé jusqu'au bord antérieur, interrompu vers le milieu de la longueur du segment par un sillon obliquement dirigé vers la partie postérieure du canal dorsal. *Élytres* d'un quart plus larges aux épaules que le prothorax ; une fois et demie au moins plus longues que lui ; subparallèles jusqu'aux deux tiers ; médiocrement et assez régulièrement convexes ; paraissant glabres ; variant du noir brun au fauve ; marquées de rangées striales de points presque carrés en devant, plus larges que les intervalles, affaiblis postérieurement. *Intervalles* à peine pointillés, planiuscules ou convexiuscules : le sixième à partir de la suture relevé en forme de côte n'atteignant pas l'extrémité : le troisième à peine plus saillant en devant que ses voisins. *Dessous du corps* brun ou brun noir, parfois d'un brun fauve. *Cuisses* et *jambes* variant du brun au brun fauve ; *tarses* d'un rouge ou fauve testacé.

Cette espèce a été trouvée dans l'Adour par L. Dufour. Elle habite aussi quelques autres rivières ; mais elle est généralement assez rare.

Obs. Quand la matière colorante n'a pas eu le temps de se développer complétement, les élytres varient du brun fauve au fauve. Le dessous du corps, les cuisses et les jambes sont moins obscurs que dans l'état normal.

Le *H. consobrinus* se distingue du *canaliculatus* par une taille plus faible, par les reliefs latéraux du prothorax interrompus par un sillon plus oblique dirigé vers les cinq septièmes de la ligne médiane ; par ses élytres marquées de points plus gros, presque carrés, plus larges que les intervalles ; n'offrant pas le commencement d'une rangée striale, entre la première et la deuxième ; par le troisième intervalle, à peine plus saillant ou pas plus saillant que ses voisins.

DEUXIÈME BRANCHE

LES MACRONYCHAIRES

Caractères. *Antennes* faiblement prolongées après la tête ; réfléchies en arrière, dans le repos ; de six articles apparents : le dernier ovalaire, presque en capitule ou en bouton.

Cette branche est réduite au genre suivant :

Genre *Macronychus*. Macronyque, Mueller.

Mueller (Ph. W. J.) *in* Illiger, Mag. t. V (1806), p. 207.

Caractères. Ajoutez aux précédents :

Tête perpendiculaire, engagée jusqu'à une partie des yeux dans le prothorax qui la recouvre comme une sorte de capuchon. *Antennes* courtes, insérées au côté interne des yeux, sur les limites du front et de la suture frontale ; de six articles : le premier un peu arqué, plus long que large ; le deuxième, subglobuleux : les trois suivants, petits, courts : le dernier, plus grand, ovale-oblong, en forme de bouton ou de capitule. *Yeux* situés sur les côtés de la tête, grands, ovales, peu convexes, à grosses facettes. *Prothorax* voilant une partie des yeux ; un peu plus long que large. *Écusson* subtriangulaire ou suborbiculaire. *Élytres* un peu plus larges aux épaules que le prothorax, rétrécies postérieurement, embrassant l'abdomen sur les côtés. *Ailes* variablement très-développées ou impropres au vol, surtout chez les ♂. *Prosternum* largement avancé en forme de mentonnière sous la partie inférieure de la bouche ; obtriangulaire; terminé en pointe arrondie engagée dans une échancrure du mésosternum. *Mésosternum* une fois plus large que long. *Postépisternums* parallèles, plus étroits que le repli. *Ventre* de cinq arceaux : le premier obtusément arqué en devant. *Pieds*, surtout les intermédiaires et les postérieurs, très-largement écartés entre eux à leur naissance. *Cuisses* assez fortes. *Jambes* grêles ; garnies de cils ou d'une fine frange sur la seconde moitié de leur partie interne. *Éperons* très-courts. *Tarses* plus longs que la jambe; à dernier article plus long que les précédents réunis, renflé postérieurement. *Ongles* robustes. *Corps* allongé, peu ou médiocrement convexe.

Labre grand, transverse. *Mandibules* courtes, robustes, tridentées à l'extrémité, munies d'une membrane laciniée à leur côté interne. *Mâchoires* à deux lobes : l'externe plus étroit, tronqué et muni de soies à son extrémité : l'interne plus court, large, muni de soies à son extrémité et de quelques-unes en dedans. *Palpes maxillaires* à peine plus longs que les lobes : à dernier article ovalaire, plus long que les trois précédents réunis. *Palpes labiaux* à dernier article plus gros et à peine plus grand que le deuxième.

Ajoutez pour l'espèce suivante :

Prothorax finement rebordé latéralement ; échancré au devant de l'écusson ; échancré en arc de chaque côté de cette partie médiaire ; plus prolongé en arrière au devant de l'écusson que les angles postérieurs. *Élytres* subparallèles sur la majeure partie de leur longueur, rétrécies postérieurement presque jusqu'à l'angle sutural.

1. Macronychus quadrituberculatus, Mueller.

Allongé, subparallèle; d'un noir un peu luisant et assez faiblement métallique. Prothorax d'un rouge pâle à son bord antérieur; chargé de chaque côté de sa ligne médiane, vers les deux tiers de sa longueur, d'un tubercule orbiculaire, étendu presque jusqu'au bord latéral. Élytres entaillées, prises ensemble, à l'angle sutural; subcarénées sur la seconde moitié de la suture; marquées de rangées striales de points plus larges que les intervalles: le troisième de ceux-ci, chargé, vers le sixième de sa longueur, d'un tubercule ordinairement rougeâtre au sommet.

Macronychus quadrituberculatus, Mueller (Ph. W. J.), *in* Illig. Magaz. t. V (1806). p. 215, 1. — Germar, Faun. Ins. Europ. 10, 4. — L. Dufour, Ann. des Sc. Nat. 2ᵉ série, t. III (1835), p. 157, pl. 6, fig. 1, 2. — Guérin, Icon. du Règn. Anim. pl. 20, fig. 4. — Contarini, Sopra il macronych. quadritubercul. (1832). — Erichs. Naturg. t. III, p. 536. — Cuvier, Règne anim. édit. Masson, pl. 37, fig. 7. — Du Val. Gener. t. II, pl. 67, fig. 332. — Sturm, Deutsch. Faun. t. XXIII, 41, 1, pl. 415. — L. Redtenb, Faun. Austr. p. 414. — Gemm. et Harold, Catal. t. III, p. 937.

Long., 0ᵐ,0028 à 0ᵐ,0033 (1 1/4 à 1 1/2 l.); — larg., 0ᵐ,0013 (3/5 l.).

Corps allongé ; d'un noir luisant et d'une faible teinte métallique en dessus. *Antennes* d'un flave rouge. *Front* densement pointillé ou très-densement granuleux, rayé d'une ligne longitudinale plus ou moins faible près de chaque œil. *Prothorax* faiblement élargi d'avant en arrière en ligne un peu arquée ; offrant vers les trois cinquièmes ou deux tiers sa plus grande largeur ; convexe ; noir, avec le bord antérieur d'un rouge fauve ; presque imperceptiblement ou obsolètement granuleux ; chargé de chaque côté de sa ligne médiane, vers les deux tiers, d'un tubercule orbiculaire, étendu presque jusqu'au bord latéral et souvent garni de poils à son sommet. *Élytres* une fois et demie plus longues que le prothorax ; à peine élargies en ligne droite depuis les épaules jusqu'aux deux tiers ou un peu moins, rétrécies ensuite jusqu'à l'angle sutural ; étroitement tronquées ou un peu entaillées à ce dernier ; médiocrement convexes ; garnies d'une rangée de poils près du bord sutural ; marquées chacune de huit rangées striales de points presque carrés et au moins aussi larges en devant que les intervalles : ces rangées affaiblies postérieurement. *Intervalles* peu lisses : le sutural et moins sensiblement le second relevés sur leur seconde moitié, de manière à faire paraître les élytres subcarénées sur la seconde moitié de la suture : le troisième intervalle chargé, vers le sixième de sa longueur, d'un tubercule ordinairement rougeâtre et garni de quelques poils à son sommet. *Dessous du corps* noir ou d'un brun noir, revêtu d'un duvet ou vernis soyeux sur les replis du prothorax et des élytres et sur la majeure partie de sa surface. *Pieds* bruns ou d'un brun noir. *Ongles* d'un rouge pâle.

Cette espèce a été découverte par Ph. W. J. Mueller, dans le Glan.

Elle a été trouvée en assez grande abondance dans l'Adour, en septembre et octobre 1833, par feu L. Dufour. Nous l'avons prise dans la *Grosne* (Saône-et-Loire), cramponnée aux racines des arbres trempant dans l'eau.

La ♀ pond une douzaine d'œufs, suivant Contarini, une soixantaine, suivant L. Dufour, et les dispose en rangées serrées sur les branches ou racines immergées. La larve se tient sur les bois immergés ou sous les écorces ; elle reste au moins un an sous cette forme. Quand elle veut passer à l'état de nymphe, elle se traîne sur les parties des bois en partie émergés et se creuse dans leur écorce humectée par l'eau montant jusqu'à ces couches corticales, par l'effet de la capillarité ou par d'autres causes, une retraite dans laquelle elle passera à l'état de nymphe. Celle-ci est quelquefois attaquée par un parasite, le *Pteromalus macronychivorus*, comme nous l'a appris M. Pérez.

TABLEAU DES UNCIFÈRES DE FRANCE

ESPÈCE ÉTRANGÈRE

PLANCHE 1.

Fig. 6. *Limnius.*   Fig. 8. Antenne.
  7. Tête.

PLANCHE 2.

Fig. 10. *Macronychus.*   Fig. 12. Antenne.
  11. Tête.   13. Larve.

TRIBU

DES

DIVERSICORNES

Cᴀʀᴀᴄᴛèʀᴇs. *Antennes* courtes ou moins longuement prolongées que les trois quarts des côtés du prothorax ; insérées sur la suture frontale ou sur la partie du front voisine de celle-ci, soit au côté interne des yeux, soit sur un point plus rapproché du milieu de la tête ; de dix ou onze articles : le deuxième soit obtriangulaire, soit dilaté en forme d'oreillette et suivi d'une massue fusiforme ou graduellement épaissie, composée d'articles serrés. *Tête* subperpendiculaire, enchassée jusqu'aux yeux dans le prothorax. *Yeux* situés sur les côtés de la tête ; peu ou médiocrement saillants ; à facettes assez grosses. *Prothorax* transversal ; tronqué ou échancré à sa base, au devant de l'écusson, et une fois plus largement échancré, en arc faible, de chaque côté de cette partie médiaire ; convexe sur son disque. *Écusson* subtriangulaire. *Élytres* ordinairement un peu plus larges aux épaules que le prothorax ; subcomprimées sur les côtés de la poitrine ; en ogive postérieurement ou terminées chacune en pointe à l'extrémité ; voilant le dos de l'abdomen. *Repli* presque plan, subgraduellement rétréci jusqu'à l'angle sutural, sinué à l'extrémité de la poitrine. *Ailes* propres au vol. *Prosternum* tantôt reçu à son extrémité postérieure dans une entaille du mésosternum, tantôt prolongé sur ce dernier. *Post-épisternums* plus larges en devant que le repli des élytres ; graduellement rétrécis d'avant en arrière. *Épimères postérieures* distinctes. *Ventre* de

DIVERSICORNES.   1

cinq arceaux : les quatre antérieurs unis ensemble : le premier et le dernier ordinairement les plus grands : le premier avancé en angle aigu et à côtés droits ou à peu près, séparant les hanches postérieures. *Hanches antérieures* transverses, séparées par le prosternum ; à cavité cotyloïde ouverte postérieurement. *Hanches intermédiaires* ovalaires ou subconiques, séparées par le mésosternum. *Hanches postérieures* transverses, dilatées en arrière à leur partie interne. *Pieds* médiocres ou assez allongés. *Jambes* grêles : *tarses* de cinq articles : les quatre premiers, courts, presque égaux : le dernier, au moins aussi long que les trois ou quatre précédents réunis, terminé par deux ongles assez robustes. *Corps* revêtu, en dessus, d'un duvet court et serré et le plus souvent hérissé en outre de poils fins.

Labre transverse, voilant ou à peu près les mandibules dans l'état de repos. *Mandibules* cornées, fortes, arquées bidentées à l'extrémité. *Mâchoires* à deux lobes presque égaux. *Palpes maxillaires* de quatre articles, dont le dernier est le plus grand. *Palpes labiaux* de trois articles. *Languette* entière ou légèrement bifide.

Ces insectes, quoique appartenant évidemment à une même tribu, soit par leurs caractères extérieurs, soit par leurs habitudes et leur manière de vivre, présentent des antennes de conformation différente : de là le nom de *Diversicornes* donné à ces Coléoptères.

ÉTUDE DES DIVERSES PARTIES EXTÉRIEURES DU CORPS

Les insectes de cette tribu offrent dans leur corps oblong ou suballongé, plus ou moins convexe et revêtu de duvet, un faciès qui leur donne un air de famille facile à reconnaître. Néanmoins, l'étude des diverses parties de leur corps montre des modifications qui en font un peu varier la physionomie.

La *tête* est presque perpendiculaire ; enchassée dans le prothorax jusqu'aux yeux ; le plus souvent reçue inférieurement dans une mentonnière formée par le prosternum, mais libre, chez les Potamophiles.

L'*épistome* et le *labre* sont toujours apparents.

Les *mandibules*, ordinairement voilées ou à peu près par le labre dans l'état de repos, sont courtes, cornées, arquées, fortes, bidentées à l'extrémité et offrent en général à leur côté interne une membrane, et une molaire à la base.

Les *mâchoires*, munies de deux lobes presque égaux, sont coriaces ou en partie subcornées, souvent garnies de soies ou de poils subspiniformes.

Les *palpes maxillaires* ont quatre articles : le premier petit : les deuxième et troisième de longueur variable : le quatrième le plus grand.

La *languette* est tantôt cornée avec les côtés membraneux, tantôt membraneuse seulement à la base ; en partie saillante ; ciliée à l'extrémité ; le plus souvent entière ; sans apparence de paraglosses.

Les *palpes labiaux* sont formés de trois articles dont le dernier est le plus grand.

Le *menton*, corné ou en partie coriace ou membraneux, est large, souvent échancré en devant.

Les *antennes* sont plus ou moins courtes, insérées sur la suture frontal ou sur le bord du front voisin de celle-ci : chez les uns, elles sont presque contiguës à ces organes : chez d'autres, elles se rapprochent de la ligne médiane du front. Elles sont composées de dix ou de onze articles. Chez les Parnes et les Pomatines, le premier article sert de pédicule à toute l'antenne : le second, situé en dehors de l'axe des autres, s'allonge en une espèce d'oreillette, densement revêtue de duvet, atténuée à son extrémité, convexe en dehors, à peine échancrée en arc à son côté interne et servant à protéger le corps principal de l'antenne : ce dernier est composé d'articles serrés, souvent difficiles à compter, constituant une massue grêle et allongée. Elles sont alors reçues dans une cavité située sous les yeux. Chez les Potamophiles, le deuxième article est seulement obtriangulaire, et les articles suivants constituent une massue subgraduellement épaissie et denticulée à son côté interne. Elles sont alors moins courtes, par suite de l'allongement du premier article, et restent libres, dans l'état de repos.

Les *yeux*, situés sur les côtés de la tête, médiocrement convexes, mais assez gros, sont hérissés de poils chez les Parnes, glabres chez les autres, mais bordés sur les côtés et postérieurement de cils relevés chez les Potamophiles.

Le *prothorax*, chez les Parnes et les Pomatines, offre ses angles de devant avancés jusqu'à la moitié des yeux, pour embrasser les côtés de la tête ; il leur laisse plus de liberté chez les Potamophiles. Sur les côtés, il est généralement peu arqué, mais plus sensiblement rétréci ou d'une manière sinuée près des angles postérieurs dans le dernier genre ; souvent il est cilié latéralement. A sa base, il est appliqué exactement contre celle des élytres ; ordinairement un peu plus étroit que celle-ci aux épaules ; tronqué ou échancré au devant de l'écusson et plus largement échancré en arc de chaque côté de cette partie médiaire ; plus large à son bord postérieur que long sur sa ligne médiane ; convexe sur son disque ; rayé, chez les Parnes, de chaque côté de celui-ci, d'une ligne longitudinale ; souvent subcaréné sur sa ligne médiane.

L'*écusson* est très-apparent, de taille médiocre, triangulaire ou se rapprochant de cette figure ; souvent subcaréné.

Les *élytres* sont habituellement incourbées à l'angle huméral et un peu plus larges aux épaules que le prothorax ; subsinueusement subparallèles jusqu'aux trois cinquièmes ou plus , en ogive postérieurement ; terminées chacune en pointe chez les Potamophiles ; rebordées latéralement et ciliées chez les Parnes ; couvrant tout le dos de l'abdomen ; plus ou moins convexes ; rayées de stries chez plusieurs ; souvent creusées d'une légère fossette humérale.

Leur *repli* est plan, assez étroit et prolongé en se rétrécissant subgraduellement jusqu'à l'angle sutural ; sinué à l'extrémité de la poitrine.

Le *dessous du corps*, toujours intéressant à étudier, présente ici des caractères importants.

Le *prosternum* ou si l'on veut l'*antépectus* s'avance, dans les deux premiers genres , en une sorte de mentonnière dans laquelle est reçue la partie inférieure de la tête ; entre les hanches, qu'il sépare, le prosternum est ordinairement rebordé et souvent chargé d'un relief longitudinal. Chez les Parnes et les Pomatines il dépasse à peine le bord postérieur de l'antépectus, et se trouve reçu à son extrémité dans une entaille du mésosternum ; chez les Potamophiles il est armé en devant de deux petites épines, se prolonge davantage en arrière, se rétrécit à son extrémité en une pointe reçue dans un sillon de la pièce sternale suivante.

Le *mésosternum* sépare largement les hanches intermédiaires chez les uns, moins largement chez les autres.

Les *postépisternums* sont allongés, plus larges en devant que le repli des élytres ; sensiblement et graduellement rétrécis d'avant en arrière ; suivis d'épimères apparentes.

L'*abdomen* présente huit arceaux sur son dos, cinq sur le *ventre*: les quatre premiers de ceux-ci sont unis entre eux : le dernier jouit d'une mobilité bornée. Ces arceaux sont de grandeur inégale : les premier et dernier sont ordinairement les plus grands : le premier s'avance en angle aigu et à côtés droits, entre les hanches postérieures qu'il sépare.

le deuxième est ordinairement plus grand que chacun des deux suivants.

Les *pieds* sont de longueur médiocre chez les Parnes, graduellement plus allongés chez les Pomatines et les Potamophiles.

Les *hanches antérieures* sont transverses, séparées par le prosternum et offrent leur cavité cotyloïde ouverte en arrière.

Les *hanches intermédiaires* sont subconiques ou ovalaires, et plus ou moins largement séparées par le mésosternum.

Les *hanches postérieures* sont transverses, peu mobiles, dilatées en arrière, sur la partie interne de leur largeur. Chez les Parnes, cette dilatation plus large offre, du côté externe, une dent séparée, par une entaille, d'une sorte de lobe arqué et aussi prolongé en arrière, et généralement échancré par une faible sinuosité, ordinairement située plus en dedans que le milieu de ce lobe. Chez les Pomatines, la dent est prédominante, plus développée, et, par une loi de compensation, le lobe s'est raccourci et rétréci. Chez les Potamophiles, le lobe a presque disparu.

Les *cuisses*, ordinairement assez faibles, sont un peu renflées dans le dernier genre.

Les *jambes* sont simples, grêles, presque sans éperons.

Les *tarses* ont cinq articles, dont les quatre premiers sont courts, presque égaux : le dernier, le plus long, souvent un peu renflé à son extrémité, et terminé par deux ongles robustes.

On doit à L. Dufour les détails suivants sur l'organisation interne de l'une des espèces de cette tribu (le *Dryops auriculatus*, Latreille (1).

« Le canal alimentaire de cet insecte a une longueur qui dépasse deux fois environ tout le corps. L'œsophage est court, et parfois assez gros pour lui supposer, comme dans l'Hétérocère, les fonctions de jabot. Je n'y ai point reconnu de valvule. Le ventricule chylifique est allongé, droit, hérissé de papilles grêles, bien prononcées à une forte loupe, et qui m'ont semblé plus nombreuses et plus prononcées à la partie antérieure de cet organe. J'ai trouvé celui-ci plus ou moins rempli d'un liquide alimentaire brunâtre. Cette circonstance et la texture papillaire de cette poche gastrique sont pour moi les indices positifs que le Dryops fait sa nourriture de subs-

______

(1) *Recherches anatomiques et considérations entomologiques sur quelques insectes coléoptères.* (*Annales des sc. nat.*, 2e série, t. I (Zoologie). 1834. P. 74, pl. 2, fig. 10, 11.

tance animale. L'intestin est grêle, filiforme, diversement remployé, et se renfle un peu en approchant de sa terminaison à l'anus. Lorsqu'on l'étudie dans des conditions favorables, on reconnaît, à une petite distance de l'origine de l'intestin, une légère contracture annulaire, que j'ai plusieurs fois positivement constatée. La portion intérieure d'intestin, délimitée par cette contracture, a souvent une teinte jaunâtre, que n'a point le reste du tube, et lorsqu'elle est vide, il n'est pas rare qu'elle paraisse sillonnée par des cordons longitudinaux rapprochés par paires. Cette structure extérieure est l'indice d'anfractuositués canaliculaires intérieures, et il est présumable que les bouts de ces cordons ou colonnes constituent par leur connivence une valvule. Dans des conditions contraires à celles que je viens de signaler, c'est-à-dire lorsque l'ensemble de l'intestin est rempli par la pulpe excrémentielle, la contracture et les cannelures extérieures s'effacent entièrement.

« Les vaisseaux hépatiques du Dryops ne diffèrent point de celui de l'Hétérocère ; ils s'implantent par six insertions distinctes autour de l'extrémité postérieure du venticule chylifique.

« Si l'on examine l'appareil respiratoire, le Dryops, outre des trachées *tubulaires* ou *élastiques* communes à la plupart des insectes, présente, de chaque côté de la cavité abdominale, une trachée *vésiculaire* ou *membraneuse* ovale oblongue, qui semble, sous ce rapport, rapprocher cet insecte de l'organisation des Palpicornes. »

VIE ÉVOLUTIVE

Le premier état de nos Diversicornes est encore incomplétement connu. L. Dufour seul nous a révélé celui du *Potamophile*, dont nous nous réservons de parler à l'article de cet insecte. Les larves des autres Coléoptères de cette tribu ont sans doute un genre de vie et des caractères qui s'en rapprochent ; mais on ne peut faire à cet égard que des conjectures.

MOEURS ET HABITUDES DES INSECTES PARFAITS

Le Potamophile, qui sert à lier cette tribu avec celle des UNCIFÈRES, a beaucoup de rapports avec le Macronyque. Comme ce dernier, il ne saurait se plaire dans l'eau dormante de nos étangs et encore moins dan celle des marais. Il lui faut les flots plus oxygénés des rivières torrentielles et des ruisseaux rapides, pour y trouver les conditions d'existence dont il a besoin. Il s'y tient sur les vieux bois à moitié immergés, sur les racines des saules et des autres arbres amis des eaux, en partie flottantes dans le liquide humectant les rivages ombragés par ces végétaux ligneux. Il s'y cramponne à l'aide de ses ongles robustes, et son genre de vie a tant d'analogie avec celui du Macronyque, de la tribu précédente, qu'il suffit de renvoyer à l'histoire de ce dernier pour avoir celle du Potamophile.

Les autres Coléoptères de cette petite tribu se plaisent, comme les Naïades créées par l'imagination des poëtes, sur les bords des flaques d'eau, des ruisseaux où des rivières. Ils se cachent dans le sable ou sous les pierres, sous les débris rejetés par les flots, se tiennent sur les pierres à moitié mises à sec, ou aiment à se promener sur les troncs à moitié immergés des arbres renversés. Quelques-uns se trouvent aux pieds des plantes aquatiques et parfois assez avant dans les eaux.

Destinés à habiter l'humide empire, leur robe a généralement des teintes obscures, mais leur corps est revêtu d'un duvet soyeux, qui le rend imperméable. L. Dufour avait déjà fait ressortir le soin avec lequel la nature a habillé ces insectes (1).

Erichson a mieux encore indiqué le rôle que remplissent ces poils.

« Quand un Parne, dit-il, s'enfonce dans l'eau, il paraît aussitôt enveloppé d'une couche d'air. Il est évident que cette vésicule n'est pas extraite de l'eau par les poils, car elle s'étend au delà de l'extrémité de ceux-ci. Une observation plus attentive fait découvrir qu'il existe, entre la vésicule aérienne et l'eau dont elle est entourée, un corps spécial réfractant la lumière d'une façon particulière. Ce corps consiste en une couche très-mince d'un fluide huileux ou visqueux, enveloppant cette vésicule d'une manière tenace. »

Ces poils ont donc à leur base une glande laissant suinter une sorte de vernis, qui empêche à l'eau de mouiller les élytres, et qui permet à l'animal de se trouver, comme dans la cloche à plongeur, entouré d'une atmosphère d'air nécessaire à sa respiration.

Le gaz acide carbonique exhalé dans l'acte respiratoire se dissout dans l'eau et la couche aérienne, dont l'insecte est entouré, s'enrichit, en revan-

(1) *Annales des sc. nat.*, 2ᵉ série, t. I (Zoologie). 1834. P. 65.

che, de l'oxygène tenu en dissolution dans le liquide au sein duquel il se trouve.

La Providence, par ce moyen ingénieux, a dispensé ces insectes, dont la démarche est généralement peu vive, de la peine de venir, comme les Dytiques, à des intervalles assez fréquents, chercher à la surface des eaux l'air nécessaire à leur vie.

Ces Coléoptères paraissent, suivant quelques naturalistes, se contenter de molécules végétales pour nourriture. Mais leur organisation interne semble montrer qu'ils se nourrissent de particules animales, et quelques observateurs les accusent de ne pas épargner les habitants liliputiens des lieux aquatiques dont ils font la rencontre.

A leur tour, ils ont à craindre le bec des petits échassiers, des lavandières et autres oiselets fréquentant le bord des eaux pour y trouver leurs aliments, en remplissant la mission providentielle de maintenir dans de justes limites le nombre des Annelés hexapodes vivant sur ces rives. Mais dans leur vie modeste et cachée, la plupart échappent aux dangers qui les menacent, comme le sage, ami de la retraite, trouve le plus souvent, dans son obscurité, un abri contre les tempêtes qui agitent les sociétés humaines.

Quand la sécheresse de l'été réduit la largeur des cours d'eau dont ils fréquentent les bords, quand le besoin ou le caprice les forcent à quitter leur retraite, ils mettent à profit les ailes dont ils sont pourvus pour se transporter ailleurs, et ils profitent principalement des heures méridiennes ou nocturnes, pour se confier à l'élément léger chargé de les porter.

Ces changements de domicile ont toujours un but déterminé : celui de leur conservation ou de leur bien-être. Plus sages que nous, ils n'ont à se laisser aller ni au vent de l'ambition, ni aux attraits des plaisirs dangereux, qui ne laissent, le plus souvent après eux, que des déceptions ou des regrets.

HISTORIQUE

Tous les insectes de cette tribu paraissent avoir été inconnus à Linné. 1762. Geoffroy, le premier, en fit connaître une espèce, qu'il rangea parmi ses *Dermestes*, dans son *Histoire des Insectes des environs de Paris.*

1787. Fabricius, dans sa *Mantissa insectorum*, en décrivit une autre espèce, dont il fit un *Elater.*

1791. Olivier, dans le sixième volume de l'*Encyclopédie méthodique*, imposa le nom générique de *Dryops*, à l'espèce de ces Coléoptères dont Geoffroy avait fait un Dermeste.

1792. L'année suivante, Fabricius, mieux inspiré que la première fois, détacha des *Elater* l'espèce de nos Diversicornes qu'il y avait placée, pour en faire le type de son genre *Parnus*.

Cette coupe nouvelle faisant un double emploi avec celle de *Dryops*, il appliqua cette dernière dénomination à un Hétéromère figurant aujourd'hui parmi nos ANGUSTIPENNES. En décrivant son *Dryops femorata*, le professeur de Kiel cite le *Musée* d'Olivier et même le t. II de l'ouvrage de ce dernier, dont il n'indique, à la vérité, ni la page, ni la planche. Il avait donc reçu cet insecte du naturaliste français et il le lui avait été envoyé sous le nom d'*Œdemera femorata*, sous lequel il a été décrit par Olivier, en 1795, dans le troisième volume de son *Entomologie ;* car, dans le neuvième volume du *Nouveau dictionnaire d'Histoire naturelle* (1817), p. 596, ce dernier auteur dit, à propos du mot *Dryops* : « Nom donné par Fabricius à un genre d'insecte que j'avais appelé *Œdemère*. »

Il est donc évident que Fabricius, pour ne pas démolir son genre *Parnus*, créé avant lui, sous le nom de *Dryops*, a embrouillé la science, en transportant ce nom à l'une des Œdemères d'Olivier.

Malgré la protestation de Latreille et de quelques autres entomologistes qui continuèrent à conserver le nom de *Dryops* aux insectes désignés ainsi par Olivier, le nom de *Parnus* est resté attaché à la principale coupe de cette tribu, dans les ouvrages de la plupart des naturalistes modernes, et il serait aujourd'hui intempestif de revenir sur le passé.

1804. L'entomologiste de Brives, dans son *Histoire naturelle des Crustacés et des Insectes*, constitua, avec les Dryops et les Gyrins, sa famille des *Otiophores* ou *Porte-oreilles*. Elle était voisine de celle des *Ripicoles*, comprenant les Elmis et les Hétérocères.

1807. Dans le second volume de son *Genera*, il conserva sa famille des *Otiophores*.

1709. Dans ses *Considérations sur l'ordre naturel des Crustacés et des Insectes*, le même auteur fit entrer les Dryops dans sa famille des BYRRHIENS.

1811. Germar, dans le sixième cahier du tome Ier des *Nouveaux écrits de la Société des Naturalistes de Halle*, détacha une espèce de Parnes de Fabricius pour établir le genre *Potamophilus*.

1817. Leach, dans le cinquième volume de ses *Zoological Miscellany*, esquissant les caractères de ses *Parnidés*, ajoutait aux genres *Parnus* et *Patamophilus* celui de *Dryops*, fondé sur le **P.** *Dumerilii*, LATR. (*P. substriatus*, MUELLER).

1817. La même année, dans la première édition du *Règne animal* de Cuvier, Latreille, à qui le travail de Germar était inconnu, donnait le nom d'*Hydera* aux Potamophiles du naturaliste de Halle (1). Cette coupe formait, avec les Dryops d'Olivier et les Hétérocères de Fabricius, la seconde section de la famille des CLAVICORNES, établie en 1806 par Duméril, dans sa *Zoologie analytique*.

1825. Dans ses *Familles naturelles du Règne animal*, Latreille donna le nom de *Macrodactyles* aux insectes composant la sixième et dernière tribu de ses CLAVICORNES. Elle comprenait, après les *Hétérocères*, séparés des autres en raison de leurs tarses de quatre articles, les genres Potamophile, Dryops, Elmis, Macronyque et Géorisse.

1829. Dans la seconde édition du *Règne animal*, il divisa la seconde section de ses CLAVICORNES en deux tribus : les Hétérocères constituèrent celle des *Acanthopodes :* les autres formèrent celle des *Macrodactyles*, dénomination qu'il changea en celle de *Leptodactyles* dans l'*erratum* de son ouvrage.

1829. La même année, Stephens, dans le tome IIe de ses *Illustrations*, divisait la seconde section des *Clavicornes* de Latreille (les Philbydrides de Mac-Leay) en trois familles : les *Hétérocéridés*, les *Parnidés* et les *Limnidés*.

1839. M. Westwood, dans son *Introduction to the modern Classification of Insects*, adoptant les divisions de Mac-Leay, réduisait, sous le nom d'*Elmidés*, les *Limnidés* de Stephens, à une sous-famille des *Parnidés*.

1845. M. L. Redtenbacher, dans les genres de sa *Faune des Coléoptères d'Allemagne* (*die Gattungen der deutschen Kœfer-Fauna*) répartit les insectes de la seconde section des CLAVICORNES de Latreille en quatre familles : les *Parnides*, les *Elmides* (comprenant les Potamophiles, les Elmis et les Macronyques), les *Hétérocérides* et les *Géoryssides*.

1847. Erichson, dans le troisième volume de son *Histoire naturelle des Insectes d'Allemagne*, n'apporta d'autre changement à ce travail que de

(1) Voy. KUNZE, *Vermischte Bemerkungen*, etc., dans les Nouveaux écrits de la Société des Naturalistes de Halle, t. II, cahier 4, p. 57.

réunir en une seule famille les *Parnides* et les *Elmides*. Il admit dans la première partie de celles-ci le genre *Dryops* de Leach.

1853. Sturm (J. H. C. F.), dans la continuation de la *Faune d'Allemagne* de feu son père, substitua le nom de *Pomatinus*, proposé par M. Burmeister, à celui de Dryops.

Les auteurs qui l'ont suivi ont adopté ce nom générique, et, pour la division en familles, Lacordaire, Jacquelin du Val et M. Redtenbacher lui-même, dans sa seconde édition de sa *Faune d'Autriche*, ont adopté la manière de voir du naturaliste de Berlin.

Malgré l'autorité de ces savants entomologistes, il nous semble, comme l'avait senti Dejean, dont le coup d'œil était si clairvoyant, que les *Géorissides* et les *Elmides*, dont le dessus du corps est glabre ou peu garni de poils, doivent être voisins les uns des autres, et que les Parnides, au corps revêtu d'un duvet soyeux, par cette particularité seule, indépendamment des autres caractères qui les séparent des *Élmides*, doivent constituer une tribu particulière, voisine de celle des *Hétérocérides*.

Nos Diversicornes sont réduits à une seule famille, celle des Parniens, divisée en deux branches :

Branches.

non avancé en forme de mentonnière, laissant libre le dessous de la tête, étroit, terminé par une pointe prolongée sur le mésosternum et reçue dans un sillon de ce dernier. Antennes libres dans le repos; à deuxième article obtriangulaire, plus long que large. Prothorax non rayé d'une ligne longitudinale de chaque côté de son disque.   POTAMOPHILAIRES

largement avancé en forme de mentonnière pour recevoir la partie inférieure de la tête. Antennes logées dans le repos dans une cavité située sous chaque œil; à deuxième article avancé en forme d'oreillette. Prosternum reçu à son extrémité dans une entaille du mésosternum.   PARNAIRES.

PRÉMIÈRE BRANCHE

LES PATAMOPHILAIRES

Cette   branche est réduite au genre suivant :

Genre *Potamophilus*, POTAMOPHILE, Germar.

GERMAR, Neue Schrift. d. Naturf. Gesellsch. z. Halle, 6e cah. (1811), p. 41.

CARACTÈRES. *Prosternum* non avancé en devant en forme de mentonnière, laissant le dessous de la tête libre ; élargi en devant et armé à son bord antérieur, près des angles, d'une pointe dirigée en avant ; rétréci à son extrémité en une pointe prolongée sur le mésosternum et reçue dans un sillon de celui-ci. *Antennes* insérées sur les limites du front et de la suture frontale au côté interne des yeux ; prolongées environ jusqu'à la moitié des côtés du prothorax ; non reçues dans une cavité dans l'état de repos ; de onze articles : les trois premiers hérissés de poils : les autres pubescents : le premier allongé, arqué : le deuxième, obtriangulaire, un peu plus long que large : le troisième dilaté en forme de dent à son côté interne, un peu isolé du quatrième, large : les suivants, serrés, constituant une sorte de massue graduellement épaissie, à peu près égale en longueur aux trois précédents réunis et dentelée à son côté interne. *Yeux* nus ou à peu près ; bordés de cils relevés à leur côté interne et à leur partie postérieure. *Prothorax* transversal ; un peu arqué en devant à son bord antérieur et n'embrassant pas les côtés de la tête avec ses angles antérieurs ; rebordé latéralement ; à angles postérieurs dirigés en arrière ; convexe sur son disque, non rayé d'une ligne longitudinale de chaque côté de celui-ci ; échancré à sa base au devant de l'écusson, plus largement échancré de chaque côté de cette partie médiaire. *Écusson* en triangle plus long que large. *Repli prothoracique*, rebordé, dilaté postérieurement. *Élytres* un peu plus larges en devant que le prothorax ; subcomprimées sur les côtés de la poitrine ; terminées chacune en pointe à leur extrémité. *Mésosternum* une fois plus large que long entre les hanches intermédiaires ; sillonné sur sa ligne médiane. *Hanches postérieures* dilatées à leur côté interne, en forme d'angle dirigé en arrière. *Pieds* assez allongés : *cuisses* un peu renflées : *tarses* à dernier article au moins aussi long que les quatre précédents réunis. *Corps* revêtu d'une pubescence courte et soyeuse.

Épistome et *labre* transverses. *Mandibules* cornées, bidentées à l'extrémité, avec une petite dent située au dessous. *Mâchoires* à deux lobes presque égaux, garnis de soies. *Palpes maxillaires* à dernier article le plus grand. *Languette* coriace à sa base, membraneuse et bifide à l'extrémité. *Palpes labiaux* à dernier article plus long que les deux précédents réunis. *Menton* transverse, échancré en devant.

Ce genre est réduit en France à l'espèce suivante :

1. Potamophilus acuminatus, Fabricius.

Oblong, médiocrement convexe, d'un brun obscur, revêtu d'un duvet soyeux, d'un gris-brunâtre. Prothorax échancré sur les côtés au devant des angles postérieurs, avec la partie antérieure de cette échancrure saillante en forme de dent, creusé d'un point fossette près des angles postérieurs ; sillonné de chaque côté de la ligne médiane faiblement saillante. Élytres terminées chacune par une pointe divergente, rayées de stries marquées d'assez gros points. Intervalles presque impointillés : les sutural, troisième et cinquième légèrement saillants.

Parnus acuminatus, Fabr. Entom. Syst. t. I, 1, p. 246, 2. — *Id.* Syst. Eleuth. t. I, p. 332, 2. — Panz. Faun. Germ. 6, 8. — Schonh. Syn. Ins. t. II, 116, 4. Dryops acuminatus, Latr. Hist. Nat. t. IX, p. 226.— *Id.* Gener. t. II, p. 56 (1807). Potamaphilus acuminatus, Germar, N. Schrift. d. Nat. Gesell. z. Halle, 6e cah. (1811), p. 41, pl. 1, fig. 6. — Aud. Serv. Encycl. Méth. t. X, p. 194. — Brullé, Hist. de Ins. t. II, p. 341, pl. 14, fig. 4. — Erichs. Naturg. t. III, p. 519, 1.— Coquerel, Monogr. in Rev. et Mag. de Zool. (1851), p. 594. — J. Du Val, Gener. (Parnides), pl. 65, fig. 323. — Sturm, Deutsch. Faun. t. XXII, p. 71, pl. 404. — L. Redtenb. Faun. Austr. p. 410. — Gemm. et Harold, Catal. p. 932. Hydera acuminata, Latr. Règn. anim. (1817), t. III, p. 268. — *Id.* Nouv. Dict. d'Hist. Nat. t. XV, p. 440.

Long., 0^m,0067 à 0^m,0084 (3 à 3 3/4 l.).

Corps oblong ; médiocrement convexe ; d'un brun obscur, mais revêtu en dessus d'un duvet court, soyeux, d'un gris brunâtre, et hérissé de poils courts et peu apparents sur la tête, presque indistincts sur les *élytres*. *Antennes* brunes, avec les deux premiers articles souvent d'un rouge brun ou brunâtre. *Tête* finement ponctuée, parfois légèrement déprimée sur le front. *Prothorax* élargi d'avant en arrière en ligne presque droite jusqu'aux trois quarts ou un peu plus de ses côtés, échancré ou sinueusement rétréci ensuite, offrant une dent à la partie antérieure de ce rétrécissement; légèrement relevé en rebord en devant, rebordé sur les côtés, sans rebord à la base; échancré à celle-ci au devant de l'écusson et une fois plus largement de chaque côté de cette échancrure médiane; de moitié plus large à la base que long sur sa ligne médiane; peu fortement convexe; chargé sur sa ligne médiane d'une faible saillie raccourcie en devant et en arrière, et creusé d'un sillon peu profond de chaque côté de cette saillie; creusé d'un point fossette profond près de chaque angle postérieur. *Écusson* subparallèle sur la base de ses côtés, rétréci ensuite en angle aigu, un peu plus long sur sa ligne médiane que large à sa base, souvent légèrement caréné. *Élytres* incourbées à l'angle huméral; plus larges aux épaules que le prothorax dans son diamètre transversal le plus grand; trois fois à trois fois et quart aussi longues que lui; subsinueusement subparallèles jusqu'aux deux tiers ou un peu plus; rétrécies ensuite en ligne courbe et terminées chacune en une pointe divergente à l'extrémité; rebordées latéralement; médiocrement convexes; rayées chacune de dix stries marquées d'assez gros points : la cinquième constituant en devant une fossette humérale allongée. *Intervalles* deux fois au moins aussi larges que les stries; imponctués ou à peu près : les sutural, troisième et cinquième légèrement saillants : le sutural, comme rebordé postérieurement : les autres plans. *Dessous du corps* brun, parfois rougeâtre vers l'extrémité du ventre; revêtu d'un duvet soyeux, luisant, d'un gris cendré. *Pieds* pubescents, bruns, avec la moitié basilaire des cuisses souvent d'un brun rouge ou rougeâtre, la seconde moitié des jambes et la moitié basilaire des tarses moins brunes ou plus rougeâtres que le reste.

Cette espèce habite diverses parties de la France, au moins depuis Paris jusque dans nos provinces méridionales. On la trouve parfois sur les troncs des arbres à moitié submergés. Nous l'avons prise dans la Saône, à cinquante centimètres de profondeur, en plaçant une toile ou un filet un peu après l'endroit sur lequel on piétine; ces insectes, troublés dans leur repos, quittent leur domicile et vont s'accrocher sur les objets faits pour les arrêter.

Cet insecte a été découvert par Hubner à Halle, sur les bords de la Saale, et envoyé à Fabricius, qui le décrivit dans son *Entomologia systematica* (1792).

L. Dufour a fait connaître à l'Académie des sciences (1) et dans les *Annales des sciences naturelles* (2) le premier âge de cet insecte.

Nous allons donner une idée de la larve de ce Coléoptère, d'après le travail de ce savant observateur :

Corps allongé, subcoriace, graduellement rétréci à partir des côtés du prothorax.

Tête beaucoup plus étroite que le segment prothoracique, plus large que longue, arrondie en devant.

Mandibules courtes, dures, arquées, tranchantes ; à pointe aiguë, bifide, avec une forte dent incisive au milieu.

Palpes saillants.

Antennes insérées sous le rebord du chaperon, dirigées en avant ; à premier article court, gros : le deuxième grêle, long, cylindrique ; terminé, vu à un fort grossissement, par deux espèces d'ongules, dont l'un est plus petit que l'autre.

Ocelles au nombre de cinq, de chaque côté, disposés sur deux rangées transverses : trois sur l'antérieure et deux sur la postérieure, et inclus dans une orbite circonscrite.

Segments du dessus du corps arrondis sur les côtés et graduellement un peu plus courts à partir du prothoracique jusqu'à l'avant-dernier de l'abdomen ; offrant une ligne médiane, tantôt unie ou enfoncée, tantôt relevée en une ou parfois deux carènes ; chargés, de chaque côté de cette partie médiane, de deux lignes longitudinales, saillantes, parallèles, entre-coupées par les intervalles des arceaux ; le dernier segment aussi long que les quatre arceaux précédents, chargé d'une seule carène médiane, profondément bifide ou fourchu à l'extrémité ; pourvu inférieurement d'un opercule couvrant une cavité dans laquelle sont situées les branchies.

Pieds assez courts, mais débordant le corps dans leur état d'extension, assez robustes et terminés par un ongle fort et médiocrement crochu.

(1) Comptes rendus des séances de l'Académie des sciences, t. LIV (1862), p. 260-261.

(2) Annales des Sc. Nat., 4e série, t. XVII (1862); p. 162-172, pl. 1, fig. 1 à 9.

Cette larve vit sur les vieux bois immergés, en compagnie de celle du Macronyque, ou quelquefois sous l'écorce des pieux émergés enfoncés dans les fleuves ou rivières.

La Providence lui a donné, comme au Protée, cet amphibie singulier des lacs souterrains de la Carniole, un appareil respiratoire qui lui permet de vivre dans les deux éléments.

« Cet appareil, dit Dufour, fonctionne en même temps, et par des trachées qui puisent, au moyen de stigmates, l'air dans l'atmosphère, et par des branchies caudales qui, par une chimie organique toute problématique, sécrètent de l'eau ambiante le principe vital de cette haute fonction. Ce n'est pas tout : cette microtomie a dévoilé, pour la première fois à nos regards surpris, deux systèmes de trachées parfaitement distincts et fonctionnant simultanément.

« L'un de ces systèmes reçoit l'air directement de l'atmosphère par les articles respiratoires de l'abdomen, et vient étaler ses fines broderies nutritives exclusivement sur l'organe le plus essentiel de l'appareil digestif, le ventricule chylifique. Chacune de ces trachées, qui respire par le stigmate correspondant, a quatre utricules cylindriques et régulières, de texture élastique, quatre ballons du nacré le plus resplendissant, s'élançant après l'incision médiaire de l'abdomen comme autant de brillantes perles qui vacillent sur leur pédicelle tubuleux. Il y a soixante-quatre de ces ballons dans cette cavité si restreinte de l'abdomen, quatre pour chacune de ces trachées. Admirez avec moi ce luxe de respiration et cette sage, cette ingénieuse prévoyance de la nature. Lors d'une grande tourmente des flots, ces placides larves ne sont pas à l'abri de l'expulsion forcée de leur gîte, d'un naufrage qui compromet leur existence. Dans cette catastrophe, ces ballons se gonflent et deviennent des vessies de sauvetage; l'animal surnage, et, à la faveur de ses robustes ancres, jette l'ancre sur le premier bois flottant, se cramponne sur l'hospitalière souche qui se trouve sur son passage.

« L'autre système de trachées consiste dans ces grandes artères latérales de la circulation aérienne qui, en arrière, reçoivent le tribut de la circulation branchiale, et, en avant, aboutissent aux deux stigmates prothoraciques.

« Ces branchies sont constituées par des aigrettes de soie d'une extrême finesse, qui sortent au gré de l'animal, et comme par la détente d'un ressort, de dessous un panneau tégumentaire ventral mobile sur sa base. Dans l'exercice actif de leurs fonctions, elles s'épanouissent de chaque côté en élégantes gerbes fasciculées. Les brins de celles-ci, soumis à une puissante lentille du microscope, sont autant de gaînes qui reçoivent, par endosmose, le produit de la fabrication aérigène, pour le livrer au torrent de la circulation trachéenne (1). »

On ne connaît pas encore les soins que prend la larve pour se transformer en nymphe ; mais il est probable qu'ils diffèrent peu des précautions dont se sert celle du Macronyque.

DEUXIÈME BRANCHE

LES PARNAIRES

Caractères. *Prosternum* avancé en forme de mentonnière, pour recevoir la partie inférieure de la tête. *Antennes* logées, dans le repos, dans une cavité située sous chaque œil ; à deuxième article avancé ou allongé en forme d'oreillette. *Prosternum* reçu, à son extrémité, dans une entaille du mésosternum.

Cette branche se partage en deux genres :

<table>
<tr><td></td><td></td><td>Genres.</td></tr>
<tr><td rowspan="2">Prothorax</td><td>non rayé d'une ligne longitudinale de chaque côté dé son disque. Yeux non hérissés de poils. Mésosternum une fois plus large que long entre les hanches intermédiaires</td><td>*Pomatinus*.</td></tr>
<tr><td>rayé d'une ligne longitudinale de chaque côté de son disque. Yeux hérissés de poils. Mésosternum une fois plus long que large entre les hanches intermédiaires.</td><td>*Parnus*.</td></tr>
</table>

Genre *Pomatinus*, Pomatine, Sturm.

Sturm, Deutsch. Faun. t. XXII (1853), p. 62.

Caractères. *Prosternum* largement avancé en forme de mentonnière, pour recevoir la partie inférieure de la tête. *Antennes* insérées sur la suture frontale, notablement moins rapprochées à leur naissance du milieu de la

---

(1) Les branchies des insectes n'ont rien de commun avec celles des poissons. Dans celles de ces dernières le sang s'empare de l'oxygène dissous dans l'eau ; chez les insectes, l'oxygène passe immédiatement de l'état de dissolution dans l'eau à l'état de gaz élastique pour remplir les trachées. (Voy. Dutrochet, Du Mécanisme de la respiration chez les insectes. *Mémoires de l'Institut*, t. XIV. 1838. P. 81 et suiv.)

tête que du bord interne des yeux ; courtes ; logées, dans le repos, dans
une fossette ou cavité située sous chaque œil ; à deuxième article auriculé
ou dilaté en forme d'oreillette, et suivi d'une massue fusiforme composée
de huit articles serrés. *Yeux* non hérissés de poils. *Prothorax* transversal,
à angles antérieurs avancés, embrassant les côtés de la tête jusqu'à la
moitié des yeux ; convexe sur son disque; non rayé d'une ligne longitudinale sur les côtés de celui-ci ; subéchancré à la base, au devant de
l'écusson, et faiblement échancré en arc de chaque côté de cette partie médiaire. *Écusson* en triangle ou à peu près. *Élytres* subcomprimées sur les
côtés de la poitrine, en ogive, prises ensemble, postérieurement. *Mésosternum* une fois plus large que long entre les hanches intermédiaires.
Hanches postérieures dilatées à leur côté interne : cette dilatation constituant extérieurement une dent une fois au moins plus prolongée en arrière
que la partie interne de la dilatation : celle-ci, sinuée au côté interne de la
dent, puis très-brièvement arquée près de la ligne médiane du corps.
Pieds un peu plus longs que chez les Parnes. *Tarses postérieurs* à dernier
article un peu moins long que les précédents réunis. *Corps* revêtu d'une
pubescence courte, soyeuse, serrée et couchée.

Épistome grand. *Labre* transverse. *Mandibules* bidentées à l'extrémité,
avec deux petites dents au-dessous de celles-ci. *Mâchoires* et *palpes maxillaires* et *labiaux* presque comme chez les Parnes. *Menton* lobé en devant.

1. **Pomatinus substriatus**, MUELLER.

*Oblong ou suballongé, brun, revêtu d'un duvet gris jaunâtre en dessus.
Antennes quatre fois plus écartées entre elles que chacune d'elles du bord
interne des yeux. Prothorax faiblement arqué sur les côtés, trisinué à sa
base, à angles postérieurs dirigés en arrière. Élytres à stries fines et peu
profondes. Intervalles quatre ou cinq fois plus larges, faiblement subconvexes, finement, densement et presque granuleusement ponctués.*

Parnus substriatus, PH. W. J. MUELLER *in* ILLIG. Mag. t. V, p. 219. — HEER, Faun.
  Col. Helv. I, p. 468, 7.
Dryops Dumerilii, LATR. Gener. t. II, p. 56, 2. — LEACH, Zool. Miscell. t. III,
  p. 89. — STEPH. Illustr. t. V, p. 396. — SHUCK. Col. Del. p. 31, 280, pl. 37, fig. 2.
  — ERICHS. Naturg. t. III, p. 518, 1. — GEMM. et HAROLD, Catal. t. III, p. 934.
Parnus longipes, W. REDTENB. Quæd. Gener. et Sp. Col. Austr. 14, 12.
Pomatinus substriatus, STURM. Deutsch. Faun. t. XXII, p. 65, 1, pl. 403. — L. RED-
  TENB. Faun. Austr. 412.

Long., 0^m,0045 à 0^m,0056 (2 à 2 1/2 l.).

Corps oblong ou suballongé ; assez convexe ; brun ou d'un brun noirâtre, avec le front et le dos du prothorax d'un brun noir ; revêtu d'un duvet d'un gris ou gris jaunâtre, et peu distinctement garni de poils cendrés et couchés en dessus. *Antennes* quatre fois plus écartées entre elles à leur naissance que chacune d'elles du bord interne des yeux ; d'un gris jaunâtre à la base, avec la massue d'un rouge testacé. *Tête* convexement déclive, finement ponctuée. *Prothorax* peu fortement arqué sur les côtés, offrant après la moitié sa plus grande largeur, subsinué et faiblement plus large aux angles postérieurs qu'aux antérieurs : ceux-ci avancés en forme de dent et embrassant la tête jusqu'à la moitié des yeux ; à peine rebordé latéralement ; d'un tiers plus large à la base que long sur sa ligne médiane ; à angles postérieurs dirigés en arrière ; convexe et ordinairement subcaréné, finement, densement et presque granuleusement ponctué. *Écusson* un peu arqué en devant. *Élytres* incourbées à l'angle huméral ; un peu plus larges aux épaules que le prothorax dans son diamètre transversal le plus grand ; trois fois et demie aussi longues que lui ; subsinueusement subparallèles jusqu'aux quatre septièmes ou trois cinquièmes ; en ogive un peu anguleuse postérieurement ; convexes ; rayées chacune de huit stries peu profondes, surtout les trois externes : la cinquième constituant une faible fossette humérale. *Intervalles* quatre ou cinq fois plus larges qu'une strie, légèrement subconvexes ; finement et presque granuleusement ponctués. *Dessous du corps* variant du brun ou brun noir au brun rouge ; garni d'un duvet gris jaunâtre. *Pieds* pubescents. *Cuisses* ordinairement brunes : *jambes* d'un rouge brun : *tarses* faiblement d'une teinte plus claire.

Cette espèce a été découverte par le docteur Hoffmann et signalée pour la première fois par Ph. W. J. Müller, d'Offenbach. Vers le même temps, elle était rapportée d'Espagne par Duméril. On la trouve sur le bord des ruisseaux des environs de Lyon et sur ceux de diverses autres parties de la France.

Genre *Parnus* , Parne , Fabricius.

Fabricius. Entomol. System. t. I (1792), p. 245.

Caractères. *Prosternum* largement avancé en forme de mentonnière, pour recevoir la partie inférieure de la tête ; postérieurement reçu dans une entaille de la partie antérieure du mésosternum. *Antennes* insérées sur la suture frontale, ordinairement aussi rapprochées ou plus rapprochées à leur naissance du milieu de la tête que du bord interne des yeux ; courtes; logées dans le repos dans une fossette ou cavité située sous chaque œil ; à deuxième article auriculé ou dilaté en forme d'oreillette et suivi d'une massue fusiforme, composée de neuf articles serrés. *Yeux* hérissés de poils. *Prothorax* transversal ; à angles antérieurs avancés, embrassant les côtés de la tête jusqu'à la moitié des yeux; convexe sur son disque ; rayé, de chaque côté de celui-ci, d'une ligne longitudinale naissant de son bord antérieur, près des angles de devant, et prolongée jusqu'à la base, moins près des angles postérieurs ; tronqué ou subéchancré à la base, au devant de l'écusson, et sinué ou échancré en arc de chaque côté de cette troncature. *Écusson* triangulaire ou à peu près, ordinairement à peine aussi long que large. *Élytres* subcomprimées sur les côtés de la poitrine ; en ogive, prises ensemble, postérieurement. *Mésosternum* une fois au moins plus long qu'il n'est large entre les hanches intermédiaires. *Hanches postérieures* dilatées sur leur moitié interne : cette dilatation offrant extérieurement une dent séparée, par une entaille, d'une sorte de lobe au moins aussi prolongé en arrière que la dent, et généralement sinué dans son milieu ou plus près de leur côté interne. *Pieds* médiocres. *Tarses* à dernier article presque aussi long que les quatre précédents réunis. *Corps* oblong ou suballongé, couvert de duvet et hérissé de poils fins et plus longs.

Épistome grand, élargi d'arrière en avant. *Labre* transverse, en partie voilé par l'épistome. *Mandibules* non ou à peine saillantes au delà du labre, dans l'état de repos ; cornées, arquées, bidentées à l'extrémité, avec deux petites dents situées au-dessous. *Mâchoires* à deux lobes presque égaux , subcoriaces, garnis de cils ou de poils fins : l'interne plus étroit. *Palpes maxillaires* courts; à deuxième article aussi long que les trois précédents réunis. *Languette* large, cornée au centre , membraneuse sur les côtés. *Palpes labiaux* courts ; à dernier article aussi long que les deux précédents réunis. *Menton* transversal, échancré en devant.

Tableau des espèces de France :

A Élytres très-distinctement striées ou marquées de rangées striales de points gros et profonds. Antennes à peine aussi rapprochées entre elles à leur naissance que du bord interne des yeux. Prothorax notablement moins déclive en dehors de chaque ligne longitudinale que sur les côtés du disque.

B Élytres revêtues d'un duvet gris ; hérissées de poils noirs ou obscurs ; marquées de stries ou de rangées striales de points gros et profonds, affaiblis postérieurement. Prothorax marqué de points profonds séparés par un espace plus grand que leur diamètre.   *striato-punctatus.*

BB Élytres revêtues d'un duvet cendré flavescent, hérissées de poils d'un cendré grisâtre ; rayées de stries très-apparentes, médiocrement profondes et ponctuées. Prothorax très-densement et finement ponctué.   *lutulentus.*

AA Élytres sans stries ou n'offrant que des stries fines, presque superficielles ou incomplètes. Prothorax à peine moins déclive en dehors de chaque raie longitudinale que sur les côtés du disque. ;

C Élytres finement pointillées ; incourbées à l'angle huméral qui est émoussé ; un peu arquées en devant sur le tiers externe de leur base.

D Dessus du corps brun ou noir, revêtu d'un duvet d'un brun fauve.

E Antennes d'un quart ou d'un tiers plus rapprochées entre elles à leur naissance que du bord interne des yeux. Dessus du corps hérissé de poils d'un cendré jaunâtre.   *luridus.*

EE Antennes de moitié plus rapprochées entre elles à leur naissance que du bord interne des yeux. Dessus du corps hérissé de poils blancs ou blanchâtres, au moins sur la tête et sur le prothorax.   *prolifericornis.*

DD Dessus du corps noir, revêtu d'un duvet gris ou gris cendré.

F Antennes une fois plus rapprochées entre elles à leur naissance que du bord interne des yeux. Élytres à peine plus larges aux épaules que le prothorax ; hérissées de poils cendrés en dessus. Pieds bruns.   *griseus.*

FF Antennes de moitié plus rapprochées entre elles à leur naissance que du bord interne des yeux. Élytres plus larges aux épaules que le prothorax ; hérissées de poils d'un livide cendré en dessus. Pieds fauves ou d'un rouge testacé.   *hydrobates.*

CC Élytres marquées de points profonds, médiocres ou assez gros.

     G Élytres incourbées à l'angle huméral ; plus larges aux épaules que le prothorax, arquées en devant sur le tiers antérieur de leur base.

     H Antennes à deuxième article brun ou d'un brun gris. Cuisses et jambes de couleur ordinairement analogue. Corps noir, revêtu d'un duvet gris fauve ou cendré, et hérissé de poils obscurs en dessus.   *viennensis.*

     HH Antennes et pieds d'un rouge pâle ou testacé. Corps noir, revêtu d'un duvet gris fauve, légèrement teinté de doré et hérissé de poils noirs ou obscurs en dessus. *nitidulus.*

     G Élytres profondément ponctuées ; pas plus larges en devant que le prothorax à ses angles postérieurs, obliquement coupées sur les côtés de leur base ; à angle huméral vif et un peu plus ouvert que l'angle droit. Pieds bruns.   *auriculatus.*

1. Parnus striato-punctatus, HEER.

Suballongé, médiocrement convexe ; noir, revêtu d'un duvet gris, luisant et hérissé de poils en partie noirs, en dessus. Antennes un peu moins rapprochées entre elles à leur naissance que du bord des yeux. Élytres marquées de rangées striales de points gros et presque carrés en devant, affaiblis postérieurement : ces rangées souvent transformées en stries. Intervalles à peine plus larges en devant que les rangées striales ; ruguleux. Cuisses et jambes noires ou brunes : tarses d'un rouge testacé.

Parnus striato-punctatus (DEJEAN), Catal. (1833), p. 131. — *Id.* (1837), p. 146. — HEER, Faun. Col. Helv. I, p. 466, 1. — L. REDTENB. Faun. Austr. p. 411. — GEMMING. et HAROLD, Catal. t. III, p. 933.

Var. *a.* Rangées striales des points des élytres paraissant géminées.

Parnus impressus (GÉNÉ).

Long., 0^m,0050 à 0^m,0056 (2 1/4 à 2 1/2 l.).

Corps suballongé ; médiocrement convexe ; noir, mais revêtu d'un duvet gris, mi-soyeux, luisant et hérissé de poils noirs ou en partie d'un livide grisâtre fauve en dessus. *Antennes* un peu moins rapprochées entre elles à leur naissance que du bord interne des yeux ; d'un gris obscur à la base, avec la massue d'un rouge testacé. *Tête* ponctuée ; hérissée de poils noirs, relevés. *Prothorax* élargi d'avant en arrière ; faiblement incourbé sur le tiers postérieur de ses côtés ; assez convexe sur son disque ; rayé, de chaque côté de celui-ci, d'une ligne longitudinale légèrement arquée sur sa seconde moitié ; très-sensiblement moins déclive, surtout postérieurement, en dehors de cette ligne, que sur les côtés du disque ; garni latéralement de cils noirs ; de moitié plus large à la base que long sur sa ligne médiane ; marqué de points analogues à ceux de la tête ; hérissé de poils noirs ou obscurs, redressés ; souvent noté d'un point ou d'une très-courte ligne transverse au devant de chaque sinuosité basilaire. *Écusson* souvent légèrement caréné. *Élytres* incourbées à l'angle huméral et un peu plus larges que le prothorax ; trois fois et demie aussi longues que lui ; subsinueusement subparallèles jusqu'aux trois cinquièmes, en ogive postérieurement ; médiocrement convexes sur le dos ; marquées chacune de neuf rangées striales de points gros et presque carrés en devant, graduellement moins gros d'avant en arrière (environ 14 à 16 sur la moitié antérieure de la quatrième rangée) : ces rangées souvent transformées en stries : la cinquième un peu plus profonde en devant et constituant une légère fossette humérale. *Intervalles* à peine plus larges en devant que les rangées striales ; planiuscules, ruguleux, finement et parfois peu distinctement ponctués ; hérissés de poils soit obscurs, soit d'un livide tirant sur le fauve. *Dessous du corps* noir, revêtu d'un duvet gris, mi-soyeux ; garni de poils mi-couchés paraissant d'un cendré jaunâtre sur le ventre, vus à certain jour ; peu densement ponctué. *Pieds* noirs et revêtus d'un duvet gris sur les cuisses et les jambes : *tarses* d'un rouge testacé.

Cette espèce vit principalement sur le bord des ruisseaux alpins ou de montagnes élevées. Nous l'avons prise sur les bords du Guier, dans le désert de la Grande-Chartreuse.

Obs. Le *P. striato-punctatus* se distingue facilement de toutes les autres espèces par ses élytres marquées de stries ou de rangées striales de points gros et presque carrés sur la moitié antérieure au moins des étuis, plus petits et affaiblis vers l'extrémité.

La partie dilatée des hanches postérieures offre souvent son bord postérieur tridenté ; mais parfois l'entaille séparant les deux dents internes est moins prononcée et réduite à une sinuosité et les dents sont alors moins sensiblement égales.

2. Parnus lutulentus, Erichson.

Suballongé; médiocrement convexe; noir, mais densement revêtu d'un duvet cendré jaunâtre, et hérissé de poids courts et presque concolores, en dessus. Antennes à peu près aussi écartées entre elles à leur naissance que du bord des yeux. Prothorax densement et très-finement ponctué; moins déclive sur les côtés. Élytres rayées de fines stries ponctuées, approfondies vers la base. Intervalles pointillés ; quatre fois aussi larges que les stries. Ventre finement pointillé. Jambes brunes : cuisses d'un rouge cendré : tarses d'un rouge testacé.

Parnus striatus, Sturm, Catal. (1826), p. 182.
Parnus lutulentus, Erichs. Naturg. t. III, p. 514, 4. — Sturm, Deutsch. Faun. t. XXII, p. 54, 4, pl. 401, fig. C. — J. Du Val, Gen. pl. 65, fig. 324. — L. Redtenb. Faun. Austr. p. 411. — Kiesenw. Berlin. Ent. Zeitschr. (1860), p. 96. — Gemm. et Harold. Catal. t. III, p. 933.

Long., 0^m,0033 à 0^m,0045 (1 1/2 à 2 l.).

Corps oblong ou suballongé; très-médiocrement convexe; noir, mais densement revêtu d'un duvet soyeux, cendré jaunâtre ou jaunâtre cendré, et hérissé de poils courts et presque de même couleur ou d'un livide cendré jaunâtre en dessus. *Antennes* à peu près aussi écartées entre elles à leur naissance que du bord interne des yeux; d'un rouge pâle ou testacé, à deuxième article revêtu d'un duvet cendré jaunâtre. *Tête* pointillée, ou finement ponctuée; hérissée de poils courts dirigés en arrière. *Prothorax* élargi en ligne faiblement courbé sur les côtés ; ordinairement à peine incourbé aux angles postérieurs ; peu fortement convexe et ordinairement caréné sur les deux tiers postérieurs de son disque ; rayé, de chaque côté de celui-ci, d'une ligne longitudinale paraissant presque droite, vue d'avant en arrière ; sensiblement moins déclive en dehors de cette ligne que sur les côtés du disque ; garni latéralement de cils d'un fauve obscur ; de moitié plus large à la base que long sur sa ligne médiane ; ordinairement marqué d'une légère dépression ou d'un sillon presque obsolète dirigé de la moitié ou plus de chaque ligne longitudinale vers le côté externe de la troncature antéscutellaire ; souvent marqué d'un point ou d'une très-courte ligne transverse au devant de chaque sinuosité basilaire ; au moins aussi finement et aussi densement pointillé que la tête ; hérissé de poils courts et dressés. *Écusson* souvent de teinte plus blanchâtre ; parfois légè-rement caréné. *Élytres* un peu incourbées à l'angle huméral ; faiblement plus larges aux épaules que le prothorax à ses angles postérieurs ; trois fois et demie aussi longues que lui ; parallèles ou peu ou point subsinuées jusqu'aux trois cinquièmes ou quatre septièmes de leur longueur ; en ogive postérieurement ; médiocrement ou très-médiocrement convexes sur le dos ; marquées de stries fines, notées de points médiocres et peu pro-fonds : les cinq premières plus profondes près de la base : la cinquième constituant une fossette humérale. *Intervalles* quatre fois aussi larges que les stries ; pointillés, moins densement que le prothorax ; hérissés de poils d'un cendré flavescent, mi-relevés, dirigés en arrière. *Dessous de corps* noir, revêtu d'un duvet cendré jaunâtre ; finement pointillé. *Pieds* pubescents : *jambes* brunâtres : *cuisses* souvent d'un rouge fauve ou d'un rouge cendré : *tarses* d'un rouge testacé.

Cette espèce paraît être principalement méridionale. On la trouve en Corse, d'où nous l'avons reçue de M. Revelière ; nous l'avons prise en Provence et en Languedoc. Elle habite aussi le Lyonnais, sur les bords du ruisseau d'Izeron.

Obs. Le *P. lutulentus* a, comme le *striato-punctatus*, le prothorax sen-siblement moins déclive, en dehors de la ligne longitudinale, que sur les côtés du disque ; mais il s'en distingue facilement par la couleur de son duvet ; par son prothorax densement et très-finement ponctué ; par les intervalles des élytres, quatre fois aussi larges que les stries et finement pointillés, etc.

Par la couleur de son duvet, par son prothorax moins déclive sur les côtés, par ses élytres rayées de stries fines mais très-apparentes, il s'élo igne de toutes les espèces suivantes. Il se distingue d'ailleurs d: plusieurs d'entre elles par ses antennes assez largement distantes entre elles à leur naissance.

Quand l'insecte a quelque peu souffert, le duvet du dessus du corps perd sa teinte jaunâtre pour se rapprocher du gris.

3. Parnus luridus, ERICHSON.

Oblong ; médiocrement convexe ; noir, revêtu d'un duvet d'un gris ou brun fauve, et hérissé de poils presque concolores et assez courts en dessus. Antennes d'un quart plus rapprochées entre elles à leur naissance que du bord des yeux. Élytres à peine plus larges aux épaules que le prothorax ; aussi finement mais un peu moins densement ponctuées que ce dernier, offrant souvent des traces de fines et légères stries. Ventre moins finement ponctué que les élytres. Pieds bruns : tarses d'un rouge fauve.

Parnus luridus, ERICHS. Naturg. t. III, p. 513, 3. — STURM. Deutsch. Faun. t. XXII, p. 52, 3, pl. 401, fig. B. — L. REDTENB. Faun. Austr. p. 412. — GEMM. et HAROLD, Catal. t. III, p. 933.

Long., 0^m,0039 à 0^m,0045 (1 3/4 à 2 l.).

Corps oblong ou suballongé ; médiocrement convexe ; noir ; revêtu d'un duvet d'un gris ou brun fauve, et hérissé de poils d'un fauve livide médiocrement longs en dessus. *Antennes* d'un quart plus rapprochées entre elles que du bord interne des yeux ; d'un brun fauve à la base, avec la massue d'un rouge brun ou brunâtre. *Tête* légèrement comprimée entre les antennes ; finement ponctuée ; hérissée de poils d'un cendré fauve, redressés, un peu penchés en arrière. *Prothorax* élargi d'avant en arrière en ligne presque droite jusqu'aux deux tiers, incourbé sur le tiers postérieur ; convexe et ordinairement caréné sur son disque ; rayé, de chaque côté de celui-ci, d'une ligne longitudinale paraissant presque droite, vue d'avant en arrière ; mais se montrant un peu plus portée en dedans et presque en ligne droite, à partir du tiers de sa longueur, quand elle est ne d'arrière en avant ; à peine moins déclive en dehors de cette ligne que sur les côtés du disque ; garni sur les côtés de cils d'un gris fauve ; de moitié environ plus large à la base que long sur sa ligne médiane ; finement et densement pointillé ; hérissé de poils redressés. *Écusson* ordinairement subcaréné. *Élytres* incourbées à l'angle huméral ; aussi larges ou à peine plus larges aux épaules que le prothorax à ses angles postérieurs ; trois fois à trois fois et quart aussi longues que lui ; subsinueusement subparallèles jusqu'aux trois cinquièmes ; en ogive postérieurement ; peu fortement convexes ; aussi finement et un peu moins densement pointillées que le prothorax ; offrant souvent de fines et très-légères stries, ordinairement plus apparentes en devant : la cinquième constituant une légère fossette humérale. *Dessous du corps* noir, revêtu d'un duvet gris ou brun fauve, un-doré à certain jour sur le ventre : celui-ci un peu moins finement ponctué que les élytres. *Pieds* pubescents ; bruns : *tarses* d'un rouge fauve.

Cette espèce se trouve sur les bords de la Saône, dans les environs de Lyon ; elle habite diverses autres provinces de la France.

Obs. Le *P. luridus* se distingue aisément des deux espèces précédentes par la couleur de son duvet ; par son prothorax à peine moins déclive en dehors des raies longitudinales que sur les côtés du disque ; par ses antennes plus rapprochées entre elles à leur naissance ; par la ponctuation plus fine des élytres.

Quelquefois celles-ci ont des stries fines, légères, mais assez marquées pour être bien distinctes et semblent un peu rapprocher le *luridus* du *valentus*.

Il a quelque analogie avec le *P. prolifericornis ;* mais il s'en distingue par ses antennes moins rapprochées entre elles à leur naissance et par la couleur des poils dont son corps est hérissé en dessus. Il s'éloigne des *griseus* et *hydrobates* par son corps revêtu d'un duvet brun fauve au lieu d'être cendré, et des espèces suivantes par ses élytres pointillées au lieu d'être profondément et moins finement ponctuées.

4. Parnus prolifericornis, Fabricius.

Suballongé ; médiocrement convexe ; ordinairement brun, revêtu d'un duvet gris ou brun olivâtre, et hérissé de poils blanchâtres en dessus. Antennes une fois plus rapprochées entre elles à leur naissance que du bord des yeux ; séparées par un espace subcomprimé. Élytres plus larges aux épaules que le prothorax ; subsinueusement subparallèles jusqu'aux quatre septièmes ; plus sensiblement comprimées sur les côtés de la poitrine ; finement pointillées, mais un peu moins densement que le prothorax ; offrant parfois de légères traces de stries. Ventre moins finement ponctué que les élytres.

Elater dermestoïdes, Fabr. Mant. t. I, p. 175, 56.
Parnus prolifericornis, Fabr. Ent. Syst. t. I, p. 245, 1. — *Id.* Syst. Eleuth. t. I, p. 332, 1. — Panz. Faun. Germ. 13, 1. — Illig. Kaef. Preuss. 350, 1. — Payk. Faun. Suec. t. I, p. 321, 1, et t. III, p. 449, 1. — Duftsch. Faun. Austr. t. I, p. 307, 1. — Gyllenh. Ins. Succ. 139, 1. — Schoenh. Syn. Ins. t. II, p. 110, 1. — Steph. Illustr. t. II, p. 103, 1. — Heer, Faun. Col. Helv. t. I, p. 466, 2. — Erichs. Naturg. t. III, p. 512, 1. — Sturm, Deutsch. Faun. t. XXII, p. 48, 1, pl. 400. — L. Redtenb. Faun. Austr. p. 411. — Gemm. et Harold, t. III, p. 933.
Dryops auriculatus, Oliv. Entom. t. III, 41 bis, p. 4, pl. 1, fig. 1. — Latr. Hist. Nat. t. IX, p 225, 1. — *Id.* Gener. t. II, p. 55, 1.
Parnus sericeus (Leach) Samouelle, Comp. 185, 1, pl. 3, fig. 10. — Steph. Illustr. t. II, 103, 2.

Var. A. Prothorax bifovéolé.

Parnus impressus, Curt. Brit. Ent. t. II, pl. 80. — Steph. Illustr. t. II, p. 104, 3.

Var. B. Dessus du corps fauve ou d'un fauve olivâtre. Dessous du corps et pieds couleur de chair ou roses.

Parnus bicolor, Curtis, Brit. Ent. t. II, p. 80. — Steph. Illustr. t. II, p. 104, 5.
Parnus niveus, Heer, Faun. Col. Helv. t. I, p. 467, 4.

Long., 0m,0036 à 0m,0052 (1 2/3 à 2 1/3 l.).

Corps oblong (♂) ou suballongé (♀) ; médiocrement ou peu fortement convexe ; brun, mais revêtu d'un duvet d'un brun olivâtre ou d'un gris olivâtre soyeux, et hérissé de poils au moins en partie blancs en dessus. *Antennes* une fois au moins plus rapprochées entre elles que du bord interne des yeux, séparées par un espace comprimé et parfois un peu saillant ; d'un gris olivâtre sur le deuxième article, à massue fauve ou d'un rouge testacé. *Épistome* souvent caréné. *Front* finement pointillé ; hérissé de poils blancs, soyeux, redressés, un peu penchés en arrière. *Prothorax* élargi d'avant en arrière en ligne faiblement arquée, légèrement recourbé à partir des trois cinquièmes des côtés ; convexe sur son disque ; rayé, de chaque côté de celui-ci, d'une ligne longitudinale arquée en dedans à partir des deux cinquièmes de sa longueur ; faiblement ou à peine moins déclive en dehors de cette ligne ; muni d'un faible rebord et garni de cils blanchâtres ou livides de chaque côté ; d'un tiers plus large à la base que long sur sa ligne médiane ; parfois légèrement caréné ; densement pointillé ; hérissé de poils blancs, redressés. *Écusson* parfois un peu blanchâtre. *Élytres* incourbées à l'angle huméral ; un peu plus larges aux épaules que le prothorax à ses angles postérieurs et même que celui-ci dans son diamètre transversal le plus grand ; trois fois à trois fois et demie aussi longues que lui ; subsinueusement subparallèles jusqu'aux quatre septièmes ou trois cinquièmes de leur longueur, en ogive postérieurement ; médiocrement ou peu fortement convexes ; laissant voir distinctement, vues de dessus, la dépression des côtés de la poitrine, près du bord latéral : cette dépression faisant souvent paraître ce rebord moins étroit dans ce point, quand l'insecte est vu de dessus ; presque sans traces de fossette humérale ; finement pointillées, mais un peu moins densement que le prothorax ; hérissées de poils mi-relevés, dirigés en arrière ; d'un blanc sale ou d'un livide tirant sur le blond ; offrant parfois les traces de faibles stries marquées de points plus gros et très-légers. *Dessous du corps* brun, revêtu d'un duvet gris olivâtre ; garni de poils mi-couchés, d'un livide jaunâtre luisant et mi-doré à certain jour ; ponctué moins finement et moins densement que les élytres. *Pieds* pubescents ; ordinairement bruns ou d'un brun fauve sur les jambes et parfois aussi sur les cuisses : celles-ci le plus souvent fauves ou d'un rouge brunâtre ou testacé : *tarses* d'un rouge fauve.

Cette espèce paraît habiter la plupart de nos provinces. On la trouve au bord des eaux, au dessous du niveau de celles-ci, sous les pierres à moitié émergées.

Le *P. prolifericornis* varie baaucoup sous le rapport de la couleur foncière. Celle-ci est ordinairement brune, mais parfois d'un brun obscur ou noirâtre, quelquefois elle est d'un brun fauve ou même d'un fauve plus ou moins sombre en dessus.

Chez les individus les plus foncés en couleur, le deuxième article des antennes est noirâtre ou brun ; le dessous du corps est brun ou noirâtre, et les pieds sont alors bruns sur les jambes, parfois moins obscurs sur les cuisses, et fauves sur les tarses. Chez les exemplaires de couleur foncière plus ou moins claire, les antennes sont fauves ou d'un fauve testacé ; le dessous du corps et les pieds sont d'une teinte plus ou moins claire et parfois presque couleur de chair, avec les jambes brunâtres.

Le plus souvent les élytres sont simplement pointillées ; mais quelquefois elles montrent des traces de rangées striales ou de très-légères stries, marquées de points plus gros et presque superficiels.

Le *P. prolifericornis* s'éloigne des trois espèces précédentes par ses antennes beaucoup plus rapprochées entre elles à leur naissance.

MM. Fairmaire et Brisout de Barneville ont décrit dans les *Annales de la Société Entomologique de France* (1859 , p. 46), sous le nom de *striatellus* un Parne qui serait très-distinct du *prolifericornis*, si l'on consultait seulement la description française ; car ces savants lui donnent les *antennes écartées* et les stries latérales des côtés du prothorax *convergeant en avant ;* mais ces indications sont sans doute un *lapsus calami,* car dans la phrase diagnostique , reproduction jusqu'aux deux derniers termes (*Elytris distincte punctato-striatis; prothorace medio tectiformi)* de celle qu'a donnée Erichson pour le *prolifericornis*, les antennes sont dites *approximatis.*

A en juger par des exemplaires du *striatellus* , que nous avons eu l'occasion de voir dans la belle collection de M. Reiche , cet insecte s'éloigne du *prolifericornis* par ses élytres légèrement mais distinctement striées, et par les intervalles peut-être un peu moins finement pointillés.

Quant au prothorax, il est souvent chargé d'une sorte de carène , formée par la disposition des poils, comme on le voit, d'une manière variable, chez plusieurs autres espèces de ce genre. Les lignes enfoncées des côtés du disque du prothorax, sont peut-être quelquefois plus droites ou peu arquées en dedans postérieurement ; mais le *striatellus,* sous le rapport du mode d'insertion des antennes et sous tous les autres rapports, a tant d'analogie avec le *prolifericornis,* que peut-être n'est-il qu'une variation plus avancée des individus présentant sur leurs élytres quelques traces de stries.

5. Parnus griseus, ERICHSON.

Oblong ; convexe ; brun ou d'un brun noir, mais revêtu d'un duvet gris ou d'un gris cendré, soyeux, luisant et hérissé de poils grisâtres en dessus. Antennes une fois plus rapprochées entre elles à leur naissance que du bord des yeux ; séparées par un espace subcomprimé. Élytres à peine plus larges aux épaules que le prothorax ; subsinueusement subparallèles jusqu'aux trois cinquièmes ; presque aussi densement pointillées que le prothorax. Ventre à peu près aussi finement ponctué que les élytres.

Parnus griseus, ERICHS. Naturg. t. III, p. 513, 2. — STURM, Deutsch. Faun. t. XXII, p. 51, 2, pl. 401, fig. A. — L. REDTENB. Faun. Austr. 412. — GEMM. et HAROLD, Catal. 933.

Long., 0ᵐ,0042 à 0ᵐ,0052 (1 7/8 à 2 1/3 l.).

Corps oblong ; convexe ; d'un noir brun , mais revêtu d'un duvet gris ou gris cendré, soyeux, luisant et hérissé de poils grisâtres ou d'un cendré blond en dessus. *Antennes* une fois plus rapprochées entre elles à leur naissance que du bord interne des yeux ; séparées par un espace subcomprimé et parfois un peu saillant ; d'un brun gris sur les deux premiers articles ; à massue d'un rouge testacé. *Épistome* parfois subcaréné. *Front* finement pointillé ; hérissé de poils grisâtres, soyeux , redressés , un peu penchés en arrière. *Prothorax* élargi d'avant en arrière en ligne assez sensiblement arquée, incourbée à partir des deux tiers de ses côtés ; convexe sur son disque ; rayé de chaque côté de celui-ci d'une ligne longitudinale paraissant, vue d'avant en arrière, presque droite ou peu courbée en dedans sur sa moitié postérieure ; presque aussi déclive en dehors de cette ligne que sur les côtés du disque ; muni d'un faible rebord et garni de cils blanchâtres sur les côtés ; d'un tiers ou de moitié plus large à la base que long sur sa ligne médiane ; parfois légèrement caréné sur celle-ci ; densement pointillé ; hérissé de poils grisâtres, redressés. *Écusson* souvent d'un cendré blanchâtre, ordinairement légèrement caréné. *Élytres* incourbées à l'angle huméral ; à peine plus larges ou aussi larges que le prothorax; trois fois ou un peu plus aussi longues que lui; subsinueusement subparallèles jusqu'aux trois cinquièmes de leur longueur, en ogive postérieurement; convexes; brunes ou d'un brun noir; revêtues d'un duvet gris ou d'un gris cendré, soyeux, luisant; presque aussi densement pointillées que le prothorax; densement hérissées de poils fins, cendrés, relevés, un peu inclinés en arrière; presque sans traces de fossette humérale; offrant rarement de très-légères traces de stries. *Dessous du corps* brun ou d'un brun noir; revêtu d'un duvet gris ou gris cendré; marqué sur le ventre de points à peine moins petits et à peu près aussi distants que ceux des élytres; garni, surtout sur le ventre, de poils presque couchés, luisants, d'un cendre jaunâtre. *Pieds* pubescents; bruns sur les jambes : *cuisses* ordinairement moins obscures ou d'un brun rouge ou d'un fauve brunâtre : *tarses* d'un rouge testacé.

Cette espèce habite diverses provinces de la France. Nous l'avons prise en Provence et en Languedoc, principalemnt sur les bords des eaux salées ou saumâtres.

Obs. Le *P. griseus* a une certaine analogie avec le *prolifericornis*. Il s'en distingue par une forme moins étroite et paraissant, par là, un peu plus courte, par son corps plus convexe et revêtu d'un duvet gris ou gris cendré au lieu d'être d'un brun fauve; par les poils grisâtres ou d'un cendré blond dont il est hérissé en dessus; par ses élytres à peine aussi larges ou à peine plus larges aux épaules que le prothorax dans son diamètre transversal le plus grand; moins sensiblement subcomprimées sur les côtés de la poitrine; par son ventre marqué de points à peu près aussi petits et aussi largement séparés entre eux que ceux des élytres.

Il s'éloigne des *P. striato-punctatus*, *lutulentus* et *luridus* par ses antennes très-rapprochées entre elles à leur naissance; des deux premiers par son prothorax plus déclive en dehors de la ligne longitudinale et par ses élytres non striées; du *luridus* par la couleur de son duvet, etc.

6. Parnus hydrobates, Kiesenwetter.

Oblong ; médiocrement convexe ; noir, mais revêtu d'un duvet gris ou gris cendré, soyeux, luisant et hérissé de poils d'un livide ou cendré jaunâtre en dessus. Antennes de moitié au moins plus rapprochées entre elles à leur naissance que du bord des yeux. Prothorax élargi d'avant en arrière jusqu'aux deux tiers, incourbé postérieurement; densement pointillé. Élytres plus larges aux épaules que le prothorax; subsinueusement subparallèles jusqu'aux quatre septièmes, en ogive postérieurement; aussi finement mais moins densement pointillées que le prothorax. Cuisses et jambes d'un fauve ou testacé plus obscur sur les jambes : tarses d'un rouge testacé.

Parnus hydrobates, de KIESENWETTER, Stett. Ent. Zeit. (1850), p. 223. — *Id.* Ann. Soc. Ent. de Fr. (1851), p. 855. — GEMM. et HAROLD, Catal. t. III, p. 933.

Long., 0^m,0040 (1 3/4 l.).

Corps oblong; convexe; noir, mais revêtu d'un duvet gris ou d'un gris soit un peu cendré, soit légèrement jaunâtre, et hérissé de poils d'un cendré flavescent ou d'un livide tirant sur le jaunâtre en dessus. *Antennes* de moitié plus rapprochées entre elles que du bord interne des yeux; tantôt entièrement d'un rouge fauve ou testacé, tantôt avec le deuxième article d'un brun gris. *Tête* finement pointillée; subcomprimée et à peine ou non saillante entre les antennes. *Prothorax* élargi d'avant en arrière en ligne presque droite ou faiblement arquée jusqu'aux deux tiers ou trois quarts des côtés, incourbée postérieurement; convexe sur son disque; rayé, de chaque côté de celui-ci, d'une ligne longitudinale paraissant, vue d'avant en arrière, presque droite ou un peu se dévier du côté interne et presque en ligne droite sur la moitié postérieure de sa longueur; à peine moins déclive, en dehors de cette ligne, que sur les côtés du disque; garni sur les côtés de cils livides; d'un tiers ou près de moitié plus large à la base que long sur sa ligne médiane; densement pointillé; hérissé de poils d'un livide flavescent, relevés. *Écusson* gris. *Élytres* incourbées à l'angle huméral; un peu plus larges aux épaules que le prothorax à ses angles postérieurs et que ce dernier dans son diamètre transversal le plus grand; trois fois ou trois fois et demie aussi longues que lui; subsinueusement subparallèles jusqu'aux quatre septièmes de leur longueur; en ogive postérieurement; garnies sur les côtés de cils livides; médiocrement ou peu fortement convexes; à peine notées d'une fossette humérale; finement pointillées, c'est-à-dire marquées de points aussi fins que ceux du prothorax, mais séparés par un espace trois fois égal à leur diamètre; hérissées de poils d'un livide ou cendré jaunâtre, presque relevés, un peu inclinés en arrière. *Dessous du corps* noir ou brun, avec le dernier ou les trois derniers arceaux du ventre parfois d'un brun fauve ou d'un fauve rougeâtre ; revêtu d'un duvet gris ou gris cendré , soyeux ; garni de poils presque couchés ; d'un cendré jaunâtre, luisant à certain jour ; très-finement ponctué sur la poitrine et sur le ventre et comme indistinctement et densement pointillé sur les intervalles de ces points. *Pieds* fauves ou d'un rouge testacé, plus obscurs sur les jambes, plus clairs sur les tarses.

Cette espèce a été découverte par M. de Kiesenwetter, au Mont-Serrat, près d'une petite source. Nous l'avons prise en Languedoc, près des étangs saumâtres. Elle habite aussi la Provence.

Le *P. hydrobates* se distingue aisément des *P. striato-punctatus* et *lutulentus* par ses élytres non striées, par son prothorax plus déclive sur les côtés ; il s'éloigne des *P. prolifericornis* et *griseus*, par ses antennes moins rapprochées entre elles à leur naissance ; des *P. luridus* et *prolifericornis* par la couleur de son duvet ; du *griseus* par celle de ses pieds.

Le *P. hydrobates* offre assez souvent sur les côtés de son disque, à partir des trois cinquièmes de la raie longitudinale, les traces d'une dépression ou d'un sillon obliquement dirigé vers les côtés de la troncature antébasilaire.

2. Parnus viennensis, Heer.

Oblong ou suballongé ; très-médiocrement convexe ; noir, mais revêtu d'un duvet gris ou d'un gris de plomb, soyeux, luisant, hérissé en dessus de poils bruns. Antennes un peu plus écartées entre elles à leur naissance que du bord des yeux. Prothorax marqué, à partir des trois cinquièmes de chaque raie longitudinale latérale, d'une dépression dirigée vers les côtés de la troncature basilaire antéscutellaire. Élytres creusées d'une fossette humérale , marquées de points quatre fois environ plus gros que ceux du prothorax. Pieds bruns : tarses d'un rouge testacé.

Parnus obscurus, Duftsch. Faun. Austr. I. p. 308, 3 ?
Parnus viennensis (Dahl), Catal., p. 33. — Heer, Faun. Col. Helv. I, p. 466, 3. — Erichs. Naturs. t. III, p. 514, 5. — J. du Val, Gener. t. II, pl. 65, fig. 325. — Sturm, Deutsch. Faun. t. XXII, p. 55, pl. 402, fig. 1. — L. Redtenb. Faun. Austr. p. 411. — Gemm. et Harold, Catal. t. III, p. 934.

Long., 0^m,0045 à 0^m,0052 (2 à 2 1/3 l.).

Corps oblong (♂) ou suballongé (♀) ; noir, mais revêtu d'un duvet gris ou presque gris de plomb, luisant, et hérissé de poils ordinairement bruns, parfois d'un brun fauve en dessus. *Antennes* un peu plus écartées entre elles à leur naissance que du bord interne des yeux ; d'un rouge testacé, avec le deuxième article souvent d'un brun gris. *Tête* assez densement ponctuée ; hérissée de poils bruns, redressés. *Prothorax* élargi en ligne peu courbe sur les côtés ; médiocrement convexe sur son disque ; rayé de chaque côté de celui-ci d'une ligne longitudinale presque droite ou parfois assez faiblement arquée sur sa seconde moitié, vue d'avant en arrière ; sensiblement moins déclive en dehors de cette ligne ; garni latéralement de cils bruns ; marqué d'une dépression ou sorte de sillon, naissant vers les trois cinquièmes de la ligne longitudinale et obliquement dirigée vers la base, sur les côtés de la troncature antéscutellaire ; d'un tiers plus large à la base que long sur sa ligne médiane ; marqué de points un peu moins rapprochés que ceux de la tête ; hérissé de poils bruns, assez courts, redressés. *Écusson* finement ponctué; parfois légèrement caréné. *Élytres* incourbées à l'angle huméral ; un peu plus larges aux épaules que le prothorax ; trois fois et quart environ aussi longues que lui ; subsinueusement parallèles jusqu'aux trois cinquièmes ; en ogive postérieurement ; ciliées de brun ou de brun grisâtre sur les côtés ; très-médiocrement convexes ; peu sensiblement comprimées sur les côtés de la poitrine ; creusées d'une légère fossette humérale ; marquées de points quatre fois plus gros que ceux du prothorax, séparés par des intervalles à peine ruguleux ; hérissées de poils bruns ou d'une brun fauve, mi-relevés, dirigés en arrière. *Dessous du corps* noir sur la poitrine, parfois brun, d'un brun rougeâtre ou d'un brun fauve sur le ventre ; revêtu d'un duvet gris, paraissant d'un cendré jaunâtre sur le ventre, vu à certain jour ; presque granuleusement et densement ponctué sur la poitrine, plus finement sur le ventre. *Pieds* pubescents, bruns sur les jambes et les cuisses, souvent en partie d'un brun rouge sur ces dernières : *tarses* d'un rouge testacé.

Cette espèce paraît habiter la plupart de nos provinces, surtout celles des zones tempérées ou froides. On la trouve sur le bord des ruisseaux des environs de Lyon, et dans les Alpes, sous les pierres en partie immergées.

Obs. Le *P. viennensis* se distingue des *P. striato-punctatis* et *lutulentus* par ses élytres non striées ; des *luridus, prolifericornis* et *griseus* par son prothorax offrant de chaque côté de son disque, à partir des trois cinquièmes de la ligne longitudinale, une dépression ou un sillon obliquement dirigé vers la base, sur les côtés de la troncature antéscutellaire ; de ces trois dernières espèces et du *P. hydrobates* par ses élytres profondément et distinctement ponctuées.

8. Parnus nitidulus, Heer.

Ovale oblong ; convexe ; d'un noir un peu métallique, mais revêtu d'un duvet gris fauve, soyeux, luisant et hérissé de poils au moins en partie noirs ou obscurs en dessus. Antennes plus rapprochés entre elles à leur naissance que du bord des yeux ; d'un rouge pâle. Élytres en ogive, prises ensemble à partir de la moitié de leur longueur ; convexes ; plus fortement et moins densement ponctuées que le prothorax. Pieds entièrement d'un rouge pâle ou carné.

Parnus nitidulus, Heer, Faun. Col. Helv. t. I, p. 467, 6. — Erichs. Naturg. t. III, p. 516, 8. — Sturm. Deutsch. Faun. t. XXII, p. 60, 8, pl. 402, fig. C. — L. Redtenb. Faun. Austr. p. 412. — Gemm. et Harold, Catal. t. III, p. 933.

Long., 0^m,0039 (1 3/4 l.).

Corps oblong ou ovale oblong ; convexe ; noir ou d'un noir métallique, mais revêtu d'un duvet gris fauve, soyeux, luisant, à teinte souvent mi-doré, et hérissé de poils noirs ou obscurs en dessus. *Antennes* plus rapprochées entre elles à leur naissance que du bord interne des yeux ; d'un rouge testacé. *Tête* peu finement ponctuée ; parfois marquée d'une fossette sur l'espace interantennaire ; hérissée de poils noirs, redressés ou un peu dirigés en avant. *Prothorax* élargi d'avant en arrière, en ligne faiblement arquée ; convexe sur son disque ; rayé, de chaque côté de celui-ci, d'une ligne longitudinale paraissant, vue d'avant en arrière, un peu arquée en dedans sur les trois cinquièmes postérieurs de sa longueur ; peu sensiblement moins déclive en dehors de cette ligne que sur les côtés du disque ; parfois chargé d'une faible saillie subtuberculeuse entre chaque raie longitudinale et l'angle externe ; longuement cilié de cendré fauve ou jaunâtre sur les côtés ; de moitié plus large à la base que long sur sa ligne médiane ; offrant ordinairement au moins les traces d'une dépression oblique, dirigée des trois cinquièmes de chaque ligne longitudinale vers la roncature basilaire ; hérissé de poils bruns ou d'un brun fauve, redressés. *Écusson* en triangle souvent irrégulier ou subparallèle sur la partie basilaire de ses côtés, souvent subcaréné. *Élytres* incourbées à l'angle huméral, un peu plus larges aux épaules que le prothorax à ses angles postérieurs ; à peine subsinueusement subparallèles jusqu'à la moitié de leur longueur, en ogive postérieurement ; convexes ; garnies sur les côtés de longs cils d'un livide jaunâtre ; creusées d'une légère fossette humérale ; marquées de points moins petits ou plus gros et moins rapprochés entre eux que ceux du prothorax ; offrant parfois à la base les traces de quelques légères stries ; hérissées de poils obscurs ou parfois d'un fauve livide, presque redressés, un peu penchés en arrière. *Dessous du corps* brun, souvent en partie d'un rouge de cuir, surtout sur le ventre ; revêtu d'un duvet gris tendré, paraissant d'un cendré jaunâtre à certain jour, sur le ventre ; assez finement ponctué. *Pieds* pubescents ; entièrement d'un rouge pâle ou d'un rouge de chair.

Cette espèce paraît se plaire sur le bord des ruisseaux alpins. Nous l'avons prise sur les rives du Guier, dans le désert de la Grande-Chartreuse.

Obs. Le *P. nitidulus* se distingue aisément des *P. striato-punctatus* et *lutulentus* par son prothorax plus déclive en dehors de la raie longitudinale, par ses élytres non striées ; des *luridus, prolifericornis, griseus* et *hydrobates* par ses élytres marquées de points profonds et moins petits ; du *viennensis* par ses antennes et ses pieds entièrement d'un rouge pâle, par ses élytres subparallèles seulement jusqu'à la moitié de leur longueur.

En Allemagne on trouve l'espèce suivante, qui ne paraît pas, jusqu'à ce jour, habiter notre pays.

Parnus pilosellus, Erichson. *Oblong ; noir ou brun, mais revêtu d'un duvet cendré, luisant, médiocrement épais et hérissé de poils blanchâtres en dessus. Antennes et pieds d'un rouge pâle. Élytres à peine plus larges en devant que le prothorax à sa base, à angle huméral vif et un peu plus ouvert que l'angle droit ; marquées de points grossiers, avec les intervalles en partie très-légèrement saillants, surtout sur leur seconde moitié.*

Parnus pilosellus, ERICHSON, Naturg. t. III, p. 515, 6. — STURM, Deutsch. Faun.
t. XXII, p. 57. — L. REDTENB. Faun. Austr. p. 411. — GEMM. et HAROLD, Catal.
t. III, p. 933.

Long., 0^m.0033 à 0^m,0036 (1 1/2 à 1 2/3 l.).

PATRIE : l'Autriche.

5. Parnus auriculatus, PANZER.

*Oblong ou ovale oblong ; convexe ; noir, mais revêtu d'un duvet brun ou
brun olivâtre, et hérissé de poils noirs ou obscurs en dessus. Antennes au
moins aussi rapprochées entre elles à leur naissance que du bord des yeux.
Élytres pas plus larges en devant que le prothorax à sa base ; à angle
huméral vif et un peu plus ouvert que l'angle droit ; subparallèles jusqu'aux
quatre septièmes, en ogive postérieurement, convexes ; marquées de points
moins petits et plus profonds que ceux du prothorax ; offrant à la base les
traces de quelques stries. Ventre revêtu d'un duvet gris, lustré et mi-doré.
Jambes et cuisses brunes : celles-ci parfois d'un brun rouge.*

Parnus auriculatus, PANZ. Faun. Germ. (1798), 38, 23.—ILLIG. Kaef. Preuss (1798),
p. 251, 2. — PAYK. Faun. Suec. t. III, p. 449, 2. — DUFTSCH. Faun. Austr.
t. I, 307, 2. — GYLLENH. Ins. Suec. t. I, p. 140, 2. — SCHONH. Syn. Ins. t. I,
p. 116, 2.— STEPH. Illustr. t. II, p. 104, 4. — HEER, Faun. Col. Helv. I, 467, 5.
— ERICHS. Naturg. t. III, p. 516, 7. — STURM. Deutsch. Faun. t. XXII, p. 58,
pl. 402, fig. B. — L. REDTENB. Faun. Austr. p. 411.—GEMM. et HAROLD, Catal.
t. III. p. 933.

Dryops auriculatus. LATR. Gener. t. II, p. 55, 1, var. A ?

Long., 0^m,0040 à 0^m,0045 (1 3/4 à 2 l.).

Corps oblong ou ovale oblong ; convexe ; noir, mais revêtu d'un duvet
brun fauve ou brun olivâtre, soyeux, luisant, et hérissé de poils noirs ou
obscurs en dessus. *Antennes* un peu plus rapprochées entre elles à leur
naissance que du bord interne des yeux ; à massue d'un rouge fauve ou
testacé ; à deuxième article d'un brun gris ou d'un brun obscur. *Tête* finement et assez densement pointillée ; hérissée de poils noirs, redressés.
Prothorax élargi d'avant en arière en ligne peu courbe, faiblement incourbé

partir des deux tiers de ses côtés ; convexe sur son disque ; rayé, de chaque côté de celui-ci, d'une ligne enfoncée, paraissant, vue d'avant en arrière, un peu arquée en dedans sur sa seconde moitié ; un peu moins déclive, en dehors de cette ligne, que sur les côtés du disque ; paraissant souvent muni d'un faible rebord latéral ; garni sur les côtés de cils noirs ; à deux tiers environ plus large à la base que long sur sa ligne médiane ; à peine moins finement ponctué que la tête ; hérissé de poils noirs ou obscurs, redressés ; paraissant parfois légèrement caréné. *Écusson* souvent revêtu d'un duvet cendré ou cendré jaunâtre *Élytres* pas plus larges à la base que le prothorax à ses angles postérieurs ; un peu obliquement coupées à leur partie basilaire humérale ; à angle huméral vif et un peu plus ouvert que l'angle droit ; trois fois aussi longues que le prothorax ; subparallèles ou peu sensiblement subsinuées jusqu'aux trois septièmes de leur longueur ; en ogive postérieurement ; convexes ; marquées de points moins petits et plus profonds que ceux du prothorax ; offrant généralement vers la base quelques traces de stries : celle qui forme la fossette humérale plus marquée et plus longue ; hérissées de poils noirs ou obscurs (mais paraissent souvent d'un gris fauve, quand l'insecte est vu de côté), presque redressés, peu penchés en arrière ; ordinairement ciliées de cils fauves sur les côtés. *Dessous du corps* noir, revêtu d'un duvet gris, d'un luisant d-doré ; finement et obsolètement ponctué. *Pieds* bruns, souvent d'un un rouge ou d'un rougeâtre brun sur les cuisses : *tarses* d'un rouge glacé.

Cette espèce habite diverses provinces de la France et paraît en général de assez rare. Elle semble se plaire principalement sur le bord des ruisseaux ombragés.

Obs. Le P. *auriculatus* varie un peu sous le rapport de la teinte du duvet dont il est revêtu et sous celle des poils dont il est hérissé en dessus.

Le duvet est ordinairement brun olivâtre ou brun fauve, mais il est parfois lustré d'un luisant métallique légèrement doré. Les poils sont ordinairement noirs ou obscurs ; mais quand ils sont vus de côté sur les élytres, ils paraissent souvent d'un livide fauve ou roussâtre.

Néanmoins cette espèce se distingue de toutes les autres par ses élytres plus larges en devant que le prothorax à ses angles postérieurs ; obliquement coupées sur le tiers externe de leur base, au lieu d'être arquées en devant à angle huméral vif et un peu plus ouvert que l'angle droit, à côté externe de cet angle en ligne droite au lieu d'être en ligne arquée.

TABLEAU DES DIVERSICORNES DE FRANCE

ESPÈCE ÉTRANGÈRE

PLANCHE 2

Nᵒ 14. Figure d'un *Parnus*.

15. Tête.

N° 16. Antenne.

17. Cuisse postérieure.

TRIBU

DES

SPINIPÈDES

Caractères. *Antennes* insérées près du bord antéro-interne des yeux, et du point de jonction du front et de l'épistome ; courtes, un peu arquées en dehors et couchées, dans le repos, sur les côtés de la tête ; ordinairement de onze articles, paraissant parfois n'en avoir que dix, dont les sept derniers constituent une sorte de massue oblongue, dentée au côté interne. *Tête* grosse, robuste, subhorizontale, subarrondie en devant, enfoncée presque jusqu'aux yeux dans le prothorax. *Yeux* situés sur les côtés de la tête, peu saillants. *Prothorax* une fois environ plus large que long ; ordinairement légèrement arqué en arrière à la base ; médiocrement convexe. *Écusson* le plus souvent en triangle plus long que large. *Élytres* variablement un peu plus ou un peu moins larges en devant que le prothorax ; trois fois environ aussi longues que lui ; faiblement ou très-médiocrement convexes ; voilant le dos de l'abdomen. *Repli* presque horizontal et prolongé jusqu'à l'angle sutural. *Prosternum* arqué en devant à son bord antérieur et voilant, dans le repos, une partie de la face postérieure de la tête, en laissant toutefois à celle-ci sa liberté d'action ; comprimé et saillant entre les hanches antérieures qu'il sépare ; faiblement prolongé en arrière en une pointe reçue dans une échancrure du mésosternum. *Mésosternum* court, séparant plus largement les hanches intermédiaires. *Postépisternums* allongés. *Épimères postérieures* petites. *Ventre* de cinq arceaux, dont les quatre premiers semblent soudés entre eux : le premier offrant des *plaques abdominales* complétement closes, chez les uns ; incomplètement, chez les autres. *Pieds* fouisseurs. *Hanches antérieures* ovalaires, subtransverses, à cavités cotyloïdes, ouvertes postérieurement, à trochantin distinct : les intermédiaires subglobuleuses : les postérieures transversales. *Cuisses* comprimées, fortes, surtout les antérieures. *Jambes* munies sur leur côté externe et à l'extrémité, d'épines plus fortes et plus nombreuses aux antérieures. *Tarses* de quatre articles, simples : le dernier terminé par deux ongles. *Corps* oblong ou ovale oblong ; peu ou très-médiocrement convexe ; habituellement garni d'un duvet plus épais sur la tête et sur le prothorax que sur les élytres, et ordinairement hérissé en outre de poils.

Labre avancé, cilié. *Mandibules* saillantes au devant du labre, fortes, dentées ; munies d'une membrane à leur côté interne. *Mâchoires* coriaces, à deux lobes, inermes, ciliées au côté interne. *Palpes maxillaires* de quatre articles. *Palpes labiaux* de deux. *Languette* coriace, assez petite. *Menton* corné.

Ces petits animaux, destinés à vivre dans le sable des rivages et à y creuser des galeries, offrent un caractère frappant dans leurs jambes armées d'épines, chargées de leur faciliter l'action de fouir : de là le nom de Spinipèdes, donné aux insectes de cette tribu.

ÉTUDE DES DIVERSES PARTIES DU CORPS

La *tête*, engagée dans le prothorax presque jusqu'aux yeux, est énorme pour le volume du corps. Elle est subhorizontale, toujours revêtue d'un duvet épais, et présente la figure d'une sorte de triangle, faisant l'office d'un boutoir, destiné, comme celui de la taupe, à fouir le sol dans lequel ces insectes font leur séjour habituel. A sa partie postérieure, elle offre deux échancrures, séparées par un lobe médian, et pourvues chacune de faisceaux musculaires volumineux, chargés de lui faire produire des mouvements divers, nécessaires pour creuser et soulever le sol humide, quand l'insecte y veut pratiquer des galeries.

Le *front* est séparé de l'épistome par une *suture frontale* et n'offre point de particularités remarquables.

L'*épistome* est transverse, séparé du labre par la *suture épistomale*. Il présente parfois à son bord antérieur des caractères utiles pour la distinction des sexes.

Le *labre* est généralement assez grand et subarrondi ou arqué en devant.

Les *mandibules*, saillantes au delà du labre, sont fortes, incourbées à la partie antérieure de leur côté externe, dentées à l'extrémité ; un peu différentes l'une de l'autre, dans leur configuration ; munies à leur côté interne d'une membrane ciliée, libre en devant ; ordinairement armées, à leur partie basilaire externe, d'une dent dirigée en avant ou parfois d'une dent relevée.

Les *mâchoires* sont pourvues de deux lobes coriaces ou parcheminés, dont l'interne est plus court, et munis, l'un et l'autre, de cils, soit à leur bord interne, soit à leur extrémité : l'externe offre souvent, extérieurement, près de l'insertion des antennes, une saillie en forme de dent.

Les *palpes maxillaires* sont subfiliformes, de quatre articles : le dernier aussi long que les deux précédents réunis.

Le *menton* est grand, corné, échancré en devant.

La *languette* est coriace et saillante.

Les *palpes labiaux*, ordinairement rapprochés entre eux à leur naissance, ont trois articles, dont le dernier est le plus grand.

Les *antennes*, insérées sous les angles antérieurs du front, sur les côtés de la suture frontale, sont courtes, un peu arquées en dehors ; ordinairement de onze articles et paraissant parfois n'en avoir que dix : le premier, le plus grand, élargi d'avant en arrière, arqué et cilié extérieurement : le deuxième aussi large ou plus large que long, subarrondi et cilié à son côté externe : les troisième et quatrième, transverses, très-petits, surtout le quatrième qui est souvent, en partie, enchâssé dans le suivant ou annihilé et peu ou point apparent : les autres constituent une sorte de massue oblongue, garnie d'un duvet court : les six premiers articles transverses, dentés à leur côté interne : le dernier, moins court et à peine plus large que les précédents, est arrondi à l'extrémité. Pendant le fouissement, ces organes se courbent chacun contre le côté externe de la tête, pour être protégés par celui-ci et pour n'opposer aucun obstacle aux efforts de l'insecte fouillant le sol.

Les *yeux* sont situés sur les côtés de la tête et peu saillants.

Le *prothorax*, ordinairement une fois plus large dans son diamètre transversal le plus grand, qu'il n'est long sur sa ligne médiane, est échancré en arc en devant, élargi en ligne courbe ou subarrondi sur les côtés ; cilié latéralement ; ordinairement un peu convexement déclive aux angles postérieurs ; souvent rebordé à ceux-ci et à la base ; plus ou moins convexe ; creusé, chez plusieurs, d'une dépression latérale près des angles de devant ; en général un peu plus large chez les ♂ que chez les ♀ ; revêtu d'un duvet épais. Quand ces petits animaux creusent le sable, il peut se relever de manière à former, avec les élytres, un angle rentrant, et produire divers mouvements, propres à lui permettre de concourir avec la tête, à l'action de fouir.

L'*écusson* est habituellement en triangle plus long sur sa ligne médiane que large à la base. Chez les Miriles, il fait exception à cette règle.

Les *élytres*, de la largeur à peu près du prothorax, ou variablement un peu moins ou un peu plus larges, en égalent à peu près trois fois la longueur. Elles sont rebordées et ciliées latéralement, subparallèles jusqu'aux trois cinquièmes ou aux deux tiers, arrondies ou en ogive, prises ensemble, postérieurement ; faiblement ou médiocrement convexes ; ordinairement creusées d'une fossette humérale, et offrant souvent des traces de stries ou de sillons. Elles couvrent tout le dos de l'abdomen ; sont moins finement ponctuées et garnies d'un duvet moins épais que le prothorax qui joue, avec la tête, un rôle plus important dans l'action de fouir, et se montrent souvent, en outre, hérissées de poils relevés ou mi-relevés. Elles sont, chez la plupart de ces insectes, parées de taches flaves ou d'une couleur rapprochée, translucides quand l'élytre est détachée, et dont les variations dans leur développement rendent souvent difficile la distinction des espèces. Sur leur page inférieure, les élytres présentent ordinairement des points saillants ou enfoncés, disposés en rangée longitudinale ou d'une manière irrégulière, dont les dispositions peuvent être utilisées pour séparer les espèces.

Le *repli prothoracique* est large, arqué à son côté interne et ordinairement sinué près des hanches antérieures.

Le *repli des élytres*, subhorizontal et rétréci après la poitrine, se prolonge jusqu'à l'angle sutural.

Les *élytres* recouvrent des ailes développées et très-agiles.

Le *prosternum* est comprimé et saillant entre les hanches antérieures qu'il sépare, et s'appuie postérieurement sur une échancrure ou un sillon du mésosternum ; il s'élargit en devant, en perdant de sa convexité, se montre arqué en devant à son bord antérieur, voile la partie postérieure de la face inférieure de la tête, en lui laissant cependant sa liberté d'action.

Le *mésosternum* est court, transverse, échancré en devant et déprimé ou sillonné sur le milieu de sa surface. Il sépare plus largement les hanches intermédiaires.

Les *postépisternums* sont un peu rétrécis d'avant en arrière, parfois un peu voilés par le repli des élytres.

Les *épimères* postérieures sont petites.

Le *ventre* est composé de cinq arceaux, dont les quatre premiers sont soudés ou peu mobiles.

Le premier présente de chaque côté une sorte de *plaque abdominale*. Chacune d'elles est limitée par une ligne saillante naissant de l'angle antéro-externe de ce premier arceau, prolongée en se courbant plus ou moins en dehors jusqu'au bord postérieur du dit arceau.

Chez les Hétérocères, cette ligne suit le bord postérieur jusque plus ou moins près de la ligne médiane et s'évanouit sur celle-ci à son extrémité. Chez les Augyles, cette ligne remonte vers les hanches postérieures. Dans ce cas, chaque plaque est ainsi complétement limitée par le bord antérieur de l'arceau et par cette ligne saillante. Celle-ci est souvent striée à son côté interne et permet à l'insecte de produire une stridiculation distincte par le frottement de la cuisse contre ces stries.

Les *pieds* sont courts et robustes comme ceux de tous les animaux qui sont obligés de se créer des voies souterraines. Ils sont organisés pour trotter avec assez d'agilité sur le sable et pour s'y creuser des galeries. Les antérieurs, les plus spécialement destinés, comme ceux de la taupe, à faire les efforts les plus violents, sont aussi doués d'une plus grande puissance. Les suivants se montrent graduellement moins forts et plus faiblement armés.

Les *hanches antérieures* sont ovales, transverses et séparées par le prosternum. Elles offrent leurs cavités cotyloïdes ouvertes en arrière et munies d'un trochantin distinct.

Les *intermédiaires* sont globuleuses et plus largement séparées par le mésosternum. Les *postérieures* sont transversales et contiguës entre elles à leur naissance.

Les *cuisses*, à leur insertion au tronc, sont pourvues d'un trochanter qui n'est bien développé qu'aux dernières pattes. Elles offrent sur leur arête postérieure une rainure destinée à recevoir la jambe dans les mouvements de flexion. Les postérieures sont munies sur les côtés d'un large rebord, dont le frottement contre la ligne saillante des plaques abdominales produit une stridulation très-distincte.

Les *jambes*, dans leur structure, présentent une force en harmonie avec celle des cuisses et avec le rôle qu'elles doivent remplir. Les *antérieures*, les plus éminemment fouisseuses, sont plus élargies d'arrière en avant et armées à leur côté externe et à leur extrémité antérieure d'une série d'épines, longues, raides, légèrement arquées, faisant l'office de rateaux; à leur bord interne, elles sont munies de cils. Les *intermédiaires* et *postérieures* sont graduellement moins fortes et plus faiblement armées.

Les *tarses* ont quatre articles, dont le dernier porte deux ongles.

On doit à L. Dufour (1) les détails anatomiques suivants sur l'appareil digestif de l'*Heterocerus marginatus*, l'une des espèces de nos SPINIPÈDES.

« Le tube alimentaire a une longueur qui n'est pas tout à fait double de celle du corps de l'insecte. L'*œsophage* est court et bien marqué. Il communique avec le ventricule chylifique, par une valvule intérieure formée de huit lames semi-cornées, d'un brun pâle, allongées, acérées, conniventes. Cette valvule prouve que les aliments doivent séjourner et subir un commencement de décomposition dans la portion de l'œsophage qui l'avoisine, et qui peut mériter le nom de *jabot*. Le *ventricule chylifique* est allongé, plus ou moins simple, suivant son degré de plénitude, glabre et lisse à l'œil nu ou même à la simple loupe; mais à une forte lentille du microscope, on découvre à sa surface des papilles fort courtes, hémisphériques, et assez distantes les unes des autres. L'*intestin*, qui a à peu près la longueur du ventricule chylitique, est filiforme, lisse, plus ou moins flexueux. Une loupe attentive reconnaît, à une petite distance de son origine, un faible bourrelet, qui semble établir deux portions de l'intestin.

« Les vaisseaux biliaires, que leur diaphanéité, leur finesse et leur fragilité rendent très-difficiles à dérouler, forment, autour du ventricule chylifique, un enlacement inextricable. J'ai bien constaté qu'ils s'insèrent par six bouts distincts autour du léger bourrelet qui termine le ventricule; mais je n'ai pas encore pu leur découvrir une insertion intestinale que j'avais des raisons de soupçonner. »

(1) L. DUFOUR, Annales des Sc. Nat., 2e série (Zoologie), t. I. (1834), p. 73, pl. 3, fig. 14, 15 et 16.

VIE ÉVOLUTIVE

Miger, qui s'est livré à l'étude de diverses larves aquatiques (1), paraît avoir, le premier, connu celles de nos Spinipèdes ; mais ses observations n'ont pas été publiées.

Aujourd'hui, grâce aux travaux de divers auteurs (2), et surtout de MM. Kiesenwetter et Letzner, les premiers états de ces insectes sont suffisamment connus.

Les *œufs* de nos Spinipèdes se trouvent réunis par petits tas de quinze à vingt, dans les galeries creusées par ces insectes dans le sable des bords des eaux. Ils sont d'une consistance assez molle, d'un jaune clair et rétrécis aux deux extrémités.

Les *larves* ont le corps assez allongé, un peu plus large sur les parties thoraciques, un peu plus étroit sur l'abdomen, tantôt presque d'égale grosseur sur les dix premiers anneaux de celui-ci et graduellement rétréci sur les derniers, tantôt progressivement plus étroits à partir du métathorax ; revêtu d'une peau assez solide, en partie coriace en dessus ; hérissé de poils et en outre ordinairement garni de duvet s'entrecroisant avec les poils, sur la tête et le thorax.

La *tête* est forte, pourvue d'un épistome court et d'un *labre* avancé, subarrondi en devant. Les *mandibules*, fortes et dépourvues d'une membrane à leur côté interne, font un peu saillie au-devant du labre. Les *mâchoires*, par leur partie basilaire et le menton, forment sous la partie inférieure de la tête, trois pièces allongées, subcornées, séparées les unes des autres par un sillon longitudinal, et ferment en dessous la cavité bucale. Les *palpes maxillaires* ont trois articles : les *labiaux*, deux. Les *antennes*, très-courtes, souvent peu distinctes, sont insérées près de la base des mandibules. Les

(1) Voyez ses observations sur l'*Hydrophile* (Annales du Muséum, t. XIV, p. 442).

(2) Westwood, Introd. to the Mod. Classif. of Insects, t. I (1839), p. 113, pl. 7, fig. 5. — Kiesenwetter, in Germ. Zeitschr. t. IV (1843), p. 198, — et t. V (1844), p. 480. — Erichs. Naturg. de Ins. Deutsch. t. III (1847), p. 540. — Chapuis et Candèze, Catal. des larves de Coléopt. (1853), p. 111. — Lacordaire, Genera, t. II (1854), p. 514. — Letzner, Denkschr. zur Feier des 50ª Jahr. Bestehens de Schles, Gesellsch. f. Vaterl. Kult., p. 205, pl. 2, fig. 1-27. — Sturm, Deutsch. Faun., t. XXIII (1857), p. 67-70, pl. 49, fig. p. 1-1.

ocelles sont au nombre de cinq de chaque côté : quatre en dessus, près du bord latéral, le cinquième, inférieur et un peu plus en avant. Les *anneaux thoraciques* sont les plus larges, tantôt à peu près d'égale largeur, tantôt graduellement et faiblement un peu plus étroits ; planiuscules en dessus : le premier est ordinairement plus grand que les autres. L'*abdomen* est composé de neuf segments, subarrondis ou anguleux latéralement : le dernier voile par ses bords la partie anale charnue, qui paraît susceptible de se prolonger en arrière.

Les *pieds* sont courts ; les *hanches* subtransverses ; les *cuisses* comprimées, élargies d'arrière en avant, graduellement plus fortes des postérieures aux antérieures ; les *jambes* courtes, garnies de quelques poils ; les *tarses* plus courts et terminés par un *ongle* robuste, assez long, un peu arqué.

Le *corps* est pourvu de neuf paires de stigmates : la première située sur le mésothorax : les autres sur chacun des huit premiers arceaux de l'abdomen.

Ces larves, avant de passer à leur second état, se construisent avec du limon, une coque dans laquelle elles peuvent couler en paix les jours consacrés à l'état de nymphe.

MOEURS ET HABITUDES DES INSECTES PARFAITS

Destinés à vivre dans les sables du bord des eaux douces ou salées, ces insectes ont reçu de la Providence une organisation en rapport avec le rôle qu'ils ont à remplir.

Leur corps est revêtu d'un duvet plus ou moins épais, et de poils plus allongés, laissant suinter une humeur huileuse ou onctueuse, empêchant à leur peau d'être mouillée, et maintenant, autour de leur enveloppe cutanée, une couche d'air nécessaire à leur respiration.

Leur tête forte est munie de mandibules saillantes en devant, et peut, grâce aux muscles puissants dont elle est pourvue, faire l'office de boutoir et fouir le sol avec facilité. Leurs pattes robustes, les antérieures surtout, sont armées extérieurement d'une rangée d'épines faisant l'office de pelle ou de rateau, et merveilleusement organisées pour leur permettre de se frayer des voies souterraines.

Le but de leurs efforts est, comme celui de la taupe, de trouver sur leur passage les molécules animales ou végétales nécessaires à l'entretien de leur existence.

La Nature n'a pas donné à leur cuirasse cet éclat métallique, ces couleurs brillantes, dont elle a paré divers Coléoptères carnassiers, ou les Bupustides, destinés à vivre au grand jour et à recevoir les feux du soleil. Leur robe duveteuse présente généralement des teintes tristes en harmonie avec les lieux qu'il fréquentent ; cependant elle est ordinairement parsemée, sur les étuis, de taches flavescentes, médiocrement apparentes, si ce n'est quand on soulève l'élytre.

Ces insectes se voient quelquefois trottinant avec assez d'agilité sur le sable ; mais ordinairement il vivent cachés dans les terrains arénacés du bord des eaux. Mais il suffit de piétiner sur ce sol peu consistant, ou de l'inonder pour les faire sortir de leur retraite. A peine arrivés au jour, ils déploient leurs ailes avec prestesse et s'envolent avec une agilité si grande, surtout quand il fait chaud, qu'il faut un filet mis en mouvement par une main alerte pour les pouvoir saisir.

Quand ils sont captifs sous nos doigts, ils produisent, par le frottement de leurs cuisses contre la ligne saillante de leurs plaques abdominales, une stridulation très-distincte. On dirait le cri plaintif du vaincu qui demande grâce.

Ces petits animaux aiment à vivre pour ainsi dire en famille, ou assez rapprochés les uns des autres, sur les bords des eaux ; mais si celles-ci se retirent sous l'influence de la chaleur, si on les traque ou les poursuit plusieurs jours de suite dans les lieux où ils ont fixé leur domaine, ils abandonnent les endroits où leur liberté est menacée, et à l'exemple des oiseaux de rivage, vont chercher des bords moins fréquentés, où ils trouvent une existence plus tranquille.

HISTORIQUE

Nos Coléoptères SPINIPÈDES sont restés inconnus à Linné et aux autres entomologistes de son temps.

1784. Thunberg paraît avoir eu le premier, sous les yeux, un insecte de cette tribu. Il le rangea dans le genre *Dermestes* dans le quatrième volume dans les *Nouveaux Actes de la Société des sciences d'Upsal.*

1787. Fabricius, dans sa *Mantissa insectorum,* décrivit cette espèce ou une voisine, sous le nom d'*Apate marginatus.*

1792. Le professeur de Kiel, dans le tome Ier de son *Entomologia Systematica,* fit de cet insecte le type d'une coupe nouvelle, à laquelle il donna le nom d'*Heterocerus,* et ce genre a depuis lors été admis par tous les entomologistes.

Il nous reste à examiner la place variable qu'a occupée ce genre dans la série des Coléoptères :

1797. Latreille, dans son *Précis des caractères des insectes,* la plaça à la suite des *Bostrichus,* dans sa dix-neuvième famille, composée d'éléments assez discordants.

1804. Dans le tome IX de son *Histoire naturelle des Crustacés et des Insectes,* où il déploya tout à coup ce tact admirable qui lui a valu plus tard le titre de Prince des entomologistes, il rapprocha les uns des autres tous les insectes compris dans ce volume, pour les faire entrer dans sa famille des Nécrophages, et il les divisa en cinq groupes, transformés en petites familles, dans le *Nouveau Dictionnaire d'Histoire naturelle* (1804) (1). Les Elmis et les Hétérocères composèrent celle des *Ripicoles.*

1807. Dans le tome II de son *Genera,* le même auteur fit entrer ses *Ripicoles* dans la famille des BYRRHIENS, et mit à la suite des Hétérocères les Otiophores, composant les Dryops (Parnes de Fabricius), les Macronyques et les Gyrins.

1810. Latreille, dans ses *Considérations sur l'ordre naturel des animaux,* rattache à sa famille des BYRRHIENS les insectes composant les diverses tribus comprises dans le volume que nous publions.

1815. Leach, dans le tome IX de l'*Encyclopédie d'Édimbourg,* partagea les BYRRHIENS des naturalistes français en deux divisions, suivant le nombre des articles des tarses. Ceux ayant cinq articles composent trois sections : la troisième comprit nos *Diversicornes.*

La seconde division, renfermant les BYRRHIENS, ayant quatre articles seulement, comprit les Hétérocères et les Géorysses.

1817. Latreille, dans le troisième volume du *Règne animal* de Cuvier, partagea ses Coléoptères CLAVICORNES en deux sections :

(1) T. XXIV, tableaux méthodiques, p. 148.

Les *Elmis*, *Macronychus* et *Georyssus* furent colloqués à la fin de la première.

Les Dryops (*Parnes* de Fabricius), les *Hydères* (*Potamophiles* de Germar) et les *Heterocerus*, composèrent la seconde.

1819-21. Mac-Leay, dans ses *Annulosa Javanica*, réunit, dans sa division des *Phillydrides*, divers insectes vivant dans les eaux ou dans leur voisinage, et il la partagea en deux groupes :

Le premier comprit les deux familles suivantes :

1° Les *Hétérocérides*, Mac-Leay ;

2° Les *Parnides*, de Leach.

1825. Latreille, dans ses *Familles Naturelles du règne animal*, remania de nouveau sa famille des *Clavicornes* et la divisa en six tribus : la dernière réunit tous les insectes des quatre tributs décrites dans notre volume.

1829. Dans la seconde édition du *Règne animal*, tous les insectes de la sixième tribu constituèrent une seconde section des Clavicornes, et Latreille la partagea en deux tribus :

1° Celle des *Acanthopodes*, comprenant nos Spinipèdes.

2° Celle des *Macrodactyles*, réunissant tous les autres, c'est-à-dire les *Potamophiles*, *Dryops*, *Elmis*, *Macronychus* et *Georyssus*.

1829. La même année, Stephens, dans le t. II de ses *Illustrations*, partageait les Philhydrides de Mac-Leay, en trois familles : 1° les Hétérocérides (nos Spinipèdes) ; — 2° les Parnides (nos Diversicornes ; — 3° les Limnes (nos Uncifères).

Jusqu'à ces dernières années, personne n'avait songé à diviser le genre *Heterocerus*, constituant notre tribu des *Spinipèdes*, lorsqu'en 1866, Schiödte, dans le t. IV, p. 165 du *Naturhistorik Tidsskriftk*, dont il est auteur, donna le tableau suivant des *Hétérocérides*.

Genre *Heterocerus*.

Antennae, 11 articulatae, abrupte clavatae, articulo tertio et quarto minutis. — *Malae maxillarum* spinosae. — *Mala interior mandibularum* tota membranacea, pectine membranaceo.

Anguli laterales pronati non marginati. — Mala interior mandibularum leviter emarginata. — Oblongi.

Prothorax maris coleopteris latior, feminae latitudine coleopterorum. Receptacula in marginem posteriorem segmenti desinentia.

Femoralis, Kiesenw.

aa Crepitacula intorsum ad coxas continuata.

                 Sericans , KIESENW.

AA Anguli laterales pronoti marginati.

   b Anguli laterales pronoti rotundati. — Oblongi.

      Prothorax maris latitudine coleopterorum, feminae coleopteris angustior.

   c Crepitacula in marginem posteriorem segmenti desinentia.

                Obsoletus , CURTIS.

                Laevigatus , PANZER.

                Fusculus , KIESENW.

bb Anguli laterales pronoti acuti. — Ovati.

   d Crepitacula in marginem posteriorem segmenti desinentia.

     Mala interior mandibularum acute emarginata.

                Marginatus , FABR.

dd Crepitacula intorsum ad coxas continuata. — Mala interior mandibularum leviter emarginata.

                Intermedius , KIESENW.

Genre *Phyrites*, KIESENW.

Antennae, 11 articulatae, inde ab articulo tertio clavatae. — Malae maxillarum spinosae. Mala interior mandibularum biloba, lobo terminali corneo, spinis validissimis, corneis armato.

   e Anguli laterales pronoti acuti, marginati. Crepitacula intorsum ad coxas continuata.

                Aureolus , SCHIÖDTE (1).

Genre *Augyles*, SCHIÖDTE.

Antennae, 10 articulatae, abrupte clavatae, articulo tertio et quarto minutis. — *Malae maxillarum* pilosae. — *Mala interior mandibularum* tota membranacea, pectine membranaceo.

   f Anguli laterales pronoti acuti, marginati. Crepitacula intorsum ad coxas continuata.

                Hispidulus , KIESENW.

---

(1) *Phyrites aureolus*, SCHIÖDTE. Oblong ; convexe ; hérissé de poils grossiers, longs et épais, bruns, mais en partie d'un jaune d'or sur les élytres ; formant sur celles-ci trois bandes transverses; étroites et dentées. Mandibules très-fortes. Prothorax crénelé sur les côtés, avec les angles aigus. Élytres grossièrement ponctuées. Ventre orné d'une large bordure. (SCHIÖDTE, *Naturhistorik Tidsskriftk*, p. 159.)

Les *plaques abdominales* qui nous ont fourni, pour la *Monographie des Coccinelides*, des moyens si utiles pour constituer des coupes dans cette nombreuse tribu, nous semblent offrir, pour la séparation des insectes de celle-ci, des caractères plus importants et surtout plus faciles que ceux pris des parties de la bouche.

Nous partagerons donc nos SPINIPÈDES de France, réduits à une seule famille, celle des HÉTÉROCÉRIENS, en deux genres :

Nos Spinipèdes se partagent en deux genres :

se terminant sur le bord postérieur du premier arceau ventral, plus ou moins près du milieu de celui-ci, sans remonter vers les hanches postérieures.	*Heterocerus.*
remontant vers les hanches, après avoir suivi le bord postérieur du premier arceau ventral.	*Augyles.*

Genre *Heterocerus*, HÉTÉROCÈRE.

CARACTÈRES. Ajoutez à ceux indiqués précédemment :

Ligne saillante des plaques abdominales se terminant sur le bord postérieur du premier arceau ventral, plus ou moins près du milieu de celui-ci, sans remonter vers les hanches postérieures.

(1) Bosc d'Antic avait établi ce genre dans sa collection et en avait, dit-on, fait la communication à la Société d'Histoire naturelle de Paris ; mais cette communication n'a pas été imprimée. Fabricius, dans ses voyages en France, visita les cabinets des entomologistes parisiens, y trouva une foule d'insectes à décrire, et adopta le genre *Heterocerus*, de Bosc. Il a témoigné sa reconnaissance aux entomologistes français, dans les lignes suivantes :

« Summa cum voluptate nunc Parisiis Entomologiam florentem vidi. Plaudens observavi genera characteresque, lyncaei Olivier, Bosc, aliorumque qui plura cum successu elaborarunt, pluraque emendarunt plures eamdem viam intrantes laetus inveni, et nunc scientia entomologica uti amplitudinem ita et nitorem et certitudinem Botanices attinget. » (FABR., *Act. de la Soc. d'Hist. nat. de Paris*, p. 37.)

Tableau des espèces :

A Écusson en triangle plus long que large.   (*Heterocerus*).
  b Prothorax sans rebord aux angles postérieurs. Élytres offrant chacune
    un signe huméral flave, en forme de croc ou d'ovale allongé enclo-
    sant, au moins en partie, le calus huméral.
    c Prothorax bordé de flave dans sa périphérie. Élytres parées chacune
      d'une bande flave juxta-suturale, prolongée longitudinalement
      depuis la base jusqu'aux deux cinquièmes ; ornées d'un signe
      huméral flave, enclosant complétement le calus huméral.   *parallelus.*
    cc Prothorax non bordé de flave en devant ni sur les côtés de sa
      base. Élytres sans bande longitudinale flave naissant de la base et
      prolongée jùsqu'aux deux cinquièmes.
      d Élytres parées d'une bordure basilaire flave, étendue depuis la
        fossette humérale jusqu'à l'écusson ; ornées d'un signe huméral
        flave en forme d'ovale allongé, enclosant le calus huméral, excepté
        en devant. Pieds flaves, avec les genoux et la base des tibias
        bruns.   *fossor.*
      dd Élytres parées d'une tache basilaire flave juxta-scutellaire ;
        ornées d'un signe huméral flave, en forme de croc, ne remon-
        tant pas ordinairement jusqu'à la base sur la fossette humérale.
        Pieds bruns : cuisses de devant en partie testacées.   *femoralis.*
  bb Prothorax rebordé aux angles postérieurs.
    e Élytres parées chacune de signes flaves.
      f Élytres parées chacune d'un signe huméral flave en forme de
        croc ; sans bande longitudinale flave juxta-suturale, prolongée
        de la base aux deux cinquièmes.   *marginatus.*
      ff Élytres non parées d'un signe huméral flave en forme de
        croc.
        g Élytres parées chacune d'un bande longitudinale flave, pro-
          longée le long de la suture depuis la base jusqu'aux deux
          cinquièmes, ou au moins d'une tache juxta-scutellaire flave.
        h Élytres sans tache flave sur la fossette humérale ; ornées
          d'une tache marginale flave, couvrant le bord externe du
          cinquième aux deux cinquièmes de leur longueur.   *arragonicus.*
        hh Élytres ornées chacune d'une tache ou d'une ligne flave
          sur la fossette humérale.
          i Élytres parées chacune d'une double bande longitudinale
            flave, prolongée le long de la suture, depuis la base
            jusqu'aux deux cinquièmes, et d'une tache ou d'une ligne
            flave, sur la fossette humérale, du cinquième aux deux
            cinquièmes de leur longueur. Pieds d'un rouge flave ou
            en partie bruns.   *laevigatus*
          ii Élytres parées chacune d'une ligne flave étroite, prolongée
            le long de la suture, depuis la base jusqu'aux deux cin-

quièmes, et, sur la fossette humérale, d'une ligne longitudinale avancée jusqu'à la base ou presque jusqu'à elle.
Pieds ordinairement bruns.   *fusculus.*
gg Élytres n'offrant ni tache juxta-scutellaire flave, ni bande
longitudinale flave, prolongée le long de la suture jusqu'aux
deux cinquièmes; ornées chacune de sept ou huit taches
d'un rouge roux, souvent faiblement apparentes.   *obsoletus.*
h Écusson petit, en triangle plus large que long (*Micilus*).
k Élytres d'un gris de souris ou d'un brun rougeâtre.   *murinus.*

Heterocerus parallelus, KIESENWETTER.

*Oblong, brun et revêtu en dessus d'un duvet court, d'un cendré flaves-
cent. Antennes flaves. Prothorax sans rebord aux angles postérieurs, sub-
rondi latéralement, bordé de flave dans sa périphérie. Élytres flaves à la
base et marquées de divers signes de même couleur : 1º une bordure marginale prolongée jusqu'à l'angle sutural; 2º ordinairement le rebord sutural;
3º une ligne sur la fossette humérale, prolongée de la bordure basilaire jusqu'au quart de la longueur, où elle se recourbe vers la bordure; 4º une
bande longitudinale juxta-suturale, prolongée de la base aux deux cinquièmes, et parfois formée de deux lignes longitudinales; 5º trois taches
triangulairement disposées, vers la moitié : l'intermédiaire souvent liée à
l'interne, et l'externe à la bordure marginale; 6º une tache aux cinq
septièmes. Pieds flaves.*

♂ *Mandibules plus longues, relevées sur les côtés de leur base et
munies d'une dent vers les deux cinquièmes basilaires externes.*

Heterocerus parallelus, KRYNICKI, Bullet. d. Nat. de Moscou, t. V, p. 114. — KIESENW.
Germ. Zeitschr. t. IV, p. 202, 1, pl. 3, fig. 1 et 2 var., et t. V, p. 480. — *Id.*
Linn., Entom. t. V, p. 282, 1. — ERICHS. Naturg. t. III, p. 512, 1. — KUSTER.
Kaef. Eur. XVII, 34. — STURM, Deutsch. Faun. t. XXIII, p. 49, 1, pl. 418,
fig. A (♂), B (♀). — L. REDTENB. Faun. Austr. p. 415. — GEMMING. et HAROLD,
Catal. p. 940.

ÉTAT NORMAL. *Élytres* brunes ou d'un brun noirâtre; parées chacune de
divers signes flaves : 1º une bordure basilaire très-étroite : 2º une bordure
marginale prolongée depuis l'épaule jusqu'à l'angle sutural : 3º le rebord
sutural : 4º une figure ou espèce d'ovale allongé, naissant de l'épaule,

prolongée le long du bord marginal, jusqu'au quart, où elle se recourbe en remontant sur la fossette humérale jusqu'à la base, pour entrer dans le calus huméral : 5° une bande longitudinale voisine de la suture, naissant de la base ou près de la base, prolongée au moins jnsqu'au tiers ou aux deux cinquièmes de la longueur de l'élytre : cette bande tantôt simple, tantôt divisée longitudinalement par une ligne brune , et paraissant alors formée de deux lignes flaves , enclosant une ligne noire : 6° trois petites taches : l'intermédiaire plus antérieure, située sur le disque, vers la moitié de la longueur de l'élytre : chacune des autres un peu plus postérieure, situées : l'une près de la suture, l'autre près du bord externe : 7° une petite tache, située vers les cinq sixièmes de la longueur et le tiers de la largeur de l'élytre.

Heterocerus parallelus, Sturm, loc. cit. pl. CCCXVI.

Var. **A.** Quand la matière colorante noire s'est développée avec abondance, la couleur foncière est plus obscure et les taches sont moins distinctes, le rebord sutural se montre brun et une partie de la base prend la même couleur ; la bande juxta-suturale se trouve plus restreinte et varie un peu de forme ; souvent elle ne s'avance pas jusqu'à la base.

Var. B. Quand au contraire la matière noire a été moins abondante, chaque élytre a une bordure flave dans sa périphérie, la bande juxta-suturale est tantôt formée de deux lignes , tantôt d'une seule , souvent élargie d'avant en arrière. La petite tache juxta-suturale située un peu après la moitié de la longueur s'unit à l'intermédiaire plus antérieure, pour former avec elle une courte bande oblique.

Var. C. Quelquefois, avec les modifications indiquées dans la var. B, la petite tache voisine du bord externe, un peu après la moitié de la longueur, s'unit et se confond avec la bordure marginale qui se trouve plus dilatée dans ce point.

Heterocerus parallelus, Kiesenw. Germ. Zeit. t. IV, pl. 3, fig. 1.

Var. D. Quand la matière noire a fait défaut en plus grande partie, le dessin primitif se trouve plus ou moins dénaturé.

Il ne reste souvent sur le tiers ou les deux cinquièmes antérieurs des élytres que deux taches brunes : l'une représentant le calus huméral :

d'autre indiquant les vestiges de l'espace qui séparait la ligne située sur la fossette humérale, de la bande juxta-marginale qui usurpe alors tout l'espace jusqu'à la suture : les trois taches du disque sont réunies en une seule, dans laquelle les deux taches internes du dessin primitif sont confondues, mais qui montre de légers vestiges de l'espace qui servait à isoler de l'intermédiaire la tache externe qui est alors unie à la bordure marginale.

Long., 0,0061 à 0,0075 (2 3/4 à 3 1/3 l.).

Corps oblong ; faiblement ou très-médiocrement convexe ; garni en dessus d'un duvet cendré flavescent, court et couché. *Antennes* flaves ou d'un flave testacé. *Tête* brune. *Épistome* légèrement entaillé ou échancré en arc, et cilié en devant. *Prothorax* arqué sur les côtés, mais paraissant un peu anguleux vers les trois cinquièmes de ceux-ci ; garni latéralement de cils livides jusqu'à cette partie anguleuse ; à angles postérieurs émoussés, un peu plus ouverts que l'angle droit ; sans rebord sur les côtés et aux angles postérieurs ; médiocrement convexe ; finement pointillé ; brun ; paré latéralement d'une bordure flave, plus étroite en devant et souvent nulle au milieu de sa base. *Écusson* brun, pubescent, ordinairement plus d'une fois plus long que large. *Élytres* à peu près aussi larges en devant que le prothorax dans son diamètre transversal le plus grand ; munies à la base d'un rebord fin et souvent peu distinct ; subparallèles jusqu'aux deux tiers, arrondies à l'extrémité, prises ensemble ; rebordées et garnies latéralement de cils livides assez courts ; faiblement convexes ; marquées d'une fossette humérale ; densement et très-finement ponctuées ; offrant de légères traces de stries ; colorées et peintes comme il a été dit. *Repli* du prothorax et celui des élytres ordinairement flaves. *Dessous du corps* finement ponctué ; brun ou brun noir ; avec la partie antérieure du prosternum, les côtés et l'extrémité du ventre flaves ; garni d'un duvet grisâtre sur les parties brunes, et d'un duvet flave sur les parties flaves. *Ligne saillante* des plaques abdominales prolongée en ligne peu courbe depuis l'angle postéro-externe du premier arceau ventral jusqu'au huitième ou neuvième externe du bord postérieur qu'elle suit jusqu'au tiers interne de la moitié de ce bord, où elle s'efface. *Pieds* pubescents, flaves ou d'un flave testacé. *Page inférieure des élytres* chargée de huit ou neuf rangées de points saillants : la cinquième, à partir de la suture, plus saillante postérieurement et prolongée jusqu'à l'extrémité · les autres en partie raccourcies.

Cette espèce paraît aimer les sables des bords de la mer. Nous l'avons prise en Languedoc, sur les bords de la Méditerranée. On la trouve aussi en Allemagne, etc.

Obs. L'*H. parallelus* se distingue des espèces suivantes par son prothorax paré d'une bordure flave dans toute sa périphérie, si ce n'est parfois dans le milieu de sa base ; par son calus huméral enclos par deux lignes parallèles flaves se réunissant en avant et en arrière : l'une de ces lignes formée par la bordure marginale : l'autre passant sur la fossette humérale. Il s'éloigne d'ailleurs des autres par une taille plus avantageuse. Ses antennes et ses pieds flaves, ses élytres parées d'une bande longitudinale naissant de la base et prolongée le long de la suture jusqu'aux deux cinquièmes de leur longueur, servent encore à le séparer des diverses autres espèces.

2. Heterocerus fossor, Kiesenwetter.

Oblong ; brun ou brun noir, et revêtu en dessus d'un duvet court, cendré, flavescent et pruineux. Antennes flaves, à massue parfois obscure. Prothorax parfois flave aux angles de devant ou sur les côtés, sans rebord aux angles postérieurs. Élytres parées de divers signes flaves : 1° une étroite bordure marginale prolongée depuis l'épaule jusqu'à l'angle sutural ; 2° une ligne naissant de la base, prolongée sur la fossette humérale, au moins jusqu'au quart de la longueur, et recourbée vers la bordure marginale ; 3° une étroite bordure basilaire étendue depuis la ligne précédente jusqu'à l'écusson ; 4° une tache voisine de la bordure suturale, au tiers ; 5° trois taches sur le disque, disposées en forme d'arc et souvent unies ; 6° une tache ovale située près de la bordure suturale aux cinq sixièmes ; 7° une tache liée à la bordure marginale vers la courbure postéro-externe. Pieds flaves, avec la base des tibias et les genoux brunâtres.

♂ Mandibules munies d'une dent relevée, vers les deux cinquièmes de leur longueur. Épistome tronqué et un peu relevé dans le milieu de son bord antérieur.

Heterocerus fossor, KIESENW. GERM. Zeit. t. IV, p. 294, 2, pl. 3, fig. 3. — et t. V,
p. 481. — *Id.* LINN. Entom. t. V, p. 282, 2. — ERICHS. Naturg. t. III, p. 543, 2.
— KUSTER, Kaef. Eur. XVII, 38. — L. DUFOUR, Ann. Soc. Ent. de Fr. (1852),
p. 456. — STURM, Deutsch. Faun. t. XXIII, p. 52, 2, pl. CCCCXVII, fig. A. —
L. REDTENB. Faun. Austr. p. 415. — GEMM. et HAROLD, Catal. t. III, p. 939.

ÉTAT NORMAL. *Élytres* brunes ou d'un brun noir, parées chacune de
divers signes flaves : 1° une bordure marginale assez étroite, prolongée
depuis l'épaule jusqu'à l'angle sutural ; 2° une figure en forme de croc ou
d'ovale incomplet, naissant de l'épaule, prolongée sur le bord presque jusqu'au tiers, où elle se recourbe pour remonter sur la fossette humérale,
presque jusqu'à la base ; 3° une étroite bordure basilaire, étendue depuis
la fossette humérale jusqu'à l'écusson ; 4° une tache ovalaire située près
de la bordure suturale du cinquième aux deux septièmes de leur longueur :
5° trois taches sur le disque, disposées d'une manière arquée en avant;
l'intermédiaire et l'interne souvent unies, pour former un arc plus prolongé en arrière à son côté interne qu'à l'externe : la troisième tache, ou
externe, plus postérieure, située aux trois cinquièmes de leur longueur,
près de la bordure marginale avec laquelle elle est souvent unie, tantôt
séparée de l'intermédiaire par un trait noir, tantôt unie à cette intermédiaire, pour constituer avec celle-ci et l'interne, un arc plus prolongé en
arrière à son côté externe qu'à l'interne ; 6° une tache située près de la
bordure marginale, aux six septièmes ou cinq sixièmes de leur longueur ;
7° une tache un peu plus postérieure, liée à la bordure marginale, vers
l'angle, ou plutôt la courbure postéro-externe.

OBS. Quand la matière colorante noire s'est développée un peu en
excès :

Var. A. La ligne longitudinale située sur la fossette humérale s'avance
à peine jusqu'à la base et ne se lie pas à la bordure marginale plus ou moins
grêle qui s'étend de l'écusson à la fossette humérale, ou presque jusqu'à
elle. La tache juxta-suturale située vers le tiers est parfois peu distincte.

KIESENW. GERM. Zeit. t. IV, pl. 3, fig. 3.

OBS. Dans l'état considéré comme normal, la bordure basilaire s'unit à
la ligne flave située sur la fossette humérale ; la tache juxta-suturale située
vers les deux cinquièmes est isolée de la ligne précédente ; les trois taches
discales sont séparées les unes des autres par un trait noir : l'externe de

celle-ci est à peine unie à la bordure marginale ; la tache juxta-marginale située aux cinq sixièmes est séparée de la postéro-externe.

Quand la matière colorante noire a plus ou moins fait défaut :

Var. B. La tache discale intermédiaire s'unit à l'interne, pour former avec elle un arc plus prolongé en arrière à son côté interne qu'à l'externe.

Var. C. La tache flave discale s'unit à l'externe et à l'interne, en formant alors un arc plus prolongé en arrière à son côté externe qu'à l'interne, et cette tache externe, plus postérieure que les deux autres, s'unit elle-même à la bordure marginale.

Kiesenw., loc. cit., pl. 3, fig. 3.
Sturm, loc. cit., pl. CCCCXVII.

Var. D. La tache flave juxta-marginale s'unit à la postéro-externe.

Obs. Les trois taches du disque sont alors ordinairement unies.

Var. E. La tache flave juxta-suturale située vers le tiers, s'unit par son côté ou par son angle postéro-externe à la ligne flave située sur la fossette humérale.

Var F. Souvent alors les parties noires se sont tellement rétrécies, que les élytres semblent flaves ou d'un flave testacé, parées de divers signes bru s ou noirs : 1° une tache sur le calus huméral ; 2° une autre, près de la suture, vers les deux septièmes antérieurs ; 3° une bordure suturale étroite, un peu dilatée à l'angle sutural ; 4° une bande obliquement transverse, naissant presque au tiers interne de la largeur de l'élytre, couvrant du quart aux trois septièmes à son côté interne, et du tiers aux quatre septièmes à son côté externe, qui ne se lie pas au bord externe, ordinairement uni par son angle postéro-interne à une petite tache suturale, située un peu avant la moitié ; 5° une figure en zig-zag, figurant sur l'élytre droite un Z oblique, liée à la bordure suturale un peu avant les deux tiers, et presque liée au bord marginal vers les trois quarts de leur longueur.

Long., 0^m,0048 à 0^m,0061 (2 1/8 à 2 3/4 l.).

Corps oblong ; faiblement ou très-médiocrement convexe ; garni en dessus d'un duvet cendré ou cendré grisâtre, parfois d'un cendré flavescent et luisant. *Antennes* flaves, mais souvent avec la massue obscure ou brunâtre. *Tête* brune ou d'un brun noir. *Épistome* tronqué en devant, dans sa partie médiane, élargi d'avant en arrière sur les côtés de celle-ci. *Prothorax* arqué ou subarrondi sur les côtés ; mais paraissant un peu anguleux vers les trois cinquièmes ; garni latéralement de cils jusqu'à cette partie anguleuse ; à angles postérieurs sans rebord et plus ouverts que l'angle droit ; médiocrement convexe ; finement pointillé ; brun, parfois marqué d'une tache flave à ses angles de devant, ou même plus rarement paré d'une bordure latérale flave. *Ecusson* brun, pubescent ; en triangle près d'une fois plus long que large. *Élytres* à peine aussi larges en devant que le prothorax, dans son diamètre transversal le plus grand, surtout chez la ♀ ; à peu près sans rebord à la base ; subparallèle jusqu'aux deux tiers ; en ogive subarrondie postérieurement ; rebordées et garnies de cils livides assez courts, latéralement ; faiblement convexes ; marquées d'une fossette humérale ; densement et finement ponctuées ; offrant de légères traces de stries ; colorées et peintes comme il a été dit. *Repli* du prothorax et celui des élytres d'un flave testacé. *Dessous du corps* garni d'un duvet cendré ou grisâtre luisant ; finement ponctué ; noir, avec la partie antérieure du prosternum, souvent le menton, les côtés et l'extrémité du ventre, d'un flave testacé : la bordure ventrale ordinairement formée de taches triangulaires, chez le ♂, plus larges et plus uniformes chez la ♀. *Ligne saillante* des plaques abdominales striée à son côté externe ; prolongée en ligne courbe jusqu'au neuvième externe de la largeur du premier arceau ventral, dont elle suit le bord jusqu'au tiers interne de la moitié de ce bord, où elle s'efface. *Pieds* pubescents flaves ou d'un flave testacé, avec le genou, la base des tibias, et souvent la base des cuisses, surtout chez le ♂, noir ou noirâtre : bord interne des jambes de devant parfois noirâtre. *Page inférieure des élytres* marquée de huit ou neuf rangées longitudinales de points saillants.

Cette espèce habite diverses parties de la France. On la trouve sur les rives des fleuves et sur les bords de la mer.

Dans l'état normal, l'*H. fossor* se distingue du *parallelus* par ses élytres non parées d'une bande longitudinale naissant de la base et prolongées le long de la bordure suturale, jusqu'au tiers de la longueur : cette bande remplacée chez le *fossor* par une tache ovale située près de la bordure marginale ; par la base noire au devant du calus huméral ; par le disque

des élytres offrant la tache flave intermédiaire ordinairement unie à l'interne
par l'existence d'une tache flave liée au bord postérieur vers les six septièmes de la longueur des étuis.

Il se distingue d'ailleurs du *parallelus* par son prothorax souvent entièrement brun, dans tous les cas non bordé de flave à son bord antérieur
ni sur les côtés de sa base ; par ses élytres noires ou brunes à la suture ;
par ses pieds bruns ou brunâtres à la base des jambes et souvent au
genou, etc.

3. Heterocerus femoralis, KIESENWETTER.

*Oblong ; noir ou noir brun et garni d'un duvet cendré grisâtre, luisant en
dessus. Prothorax sans rebord aux angles postérieurs ; rarement flave sur
les côtés. Élytres parées de divers signes flaves : 1º une figure en forme
d'ovale incomplet en devant, prolongé de l'épaule jusqu'au quart et recourbé sur la fossette humérale ; 2º une tache basilaire juxta-scutellaire ;
3º une tache juxta-suturale au quart ; 4º un arc discal, dont le côté externe,
parfois isolé, se prolonge en arrière, puis remonte vers le bord marginal ;
5º une tache juxta-suturale aux cinq sixièmes, souvent unie à une bordure
marginale en forme d'arc dirigé en arrière. Pieds noirs ou bruns. Cuisses de
devant en partie testacées.*

Heterocerus femoralis (ULLRICH) KIESENW. GERM. Zeit. t. IV, p. 206, 3, pl. 3, fig. 4,
   et t. V, p. 481. — *Id.* Linn. Ent. t. V, p. 285. — ERICHS. Naturg. t. III, p. 544,
   3. — KUSTER, Kaef. Eur. XVII, 36. — STURM. Deutsch. Faun. t. XXIII, p. 54, 3,
   pl. CCCCXVII, fig. B. — L. REDTENB. Faun. Austr. p. 415.
Herocerus flexuosus. — STEPH. Illustr. t. II, p. 102. — GEMM. et HAROLD, Catal. t. III,
   p. 399.

ÉTAT NORMAL. *Élytres* noires ou d'un noir brun, parées chacune de
divers signes flaves : 1º un signe en forme de croc ou d'ovale incomplet,
naissant très-étroit, de l'épaule, prolongé jusqu'au quart, en se détachant
graduellement un peu du bord marginal, puis se recourbant sur la fossette
humérale, en s'avançant jusque près de la base ; 2º une plaque basilaire
au côté externe de l'écusson ; 3º une plaque ovalaire, voisine de la bordure suturale, du cinquième au tiers de leur longueur ; 4º une sorte d'arc
discal, étendu depuis la suture jusqu'aux deux tiers de la largeur d'une
élytre, plus prolongé en arrière à son côté interne, où il se joint presque à

la suture : cet arc souvent uni par l'extrémité de son côté externe à une bande obliquement dirigée du bord externe, un peu avant la moitié de la longueur de celui-ci, jusqu'aux trois cinquièmes ou deux tiers de leur longueur et la moitié de leur largeur ; 5° deux taches : l'interne plus antérieure, voisine de la bordure suturale, vers les cinq sixièmes de leur longueur : l'externe, en forme de bordure marginale, longeant la courbure postéro-externe, souvent unie à la précédente, et constituant alors un arc dirigé en arrière.

Obs. **Dans l'état qui semble être normal, le signe huméral ressemble à une sorte d'ovale, naissant de l'épaule, prolongé jusqu'au quart et recourbé vers la fossette humérale sur laquelle il ne s'avance presque pas, jusqu'à la base.**

Quand la matière noire a pris plus d'extension, les parties flaves sont plus restreintes ; la tache juxta-suturale située au quart est plus petite ; l'arc discal est séparé, par un trait noir, de la bande naissant du bord marginal un peu avant la moitié et obliquement dirigée en arrière.

Quand au contraire la matière noire s'est moins développée, la couleur flave a pris plus d'extension.

Var. A. La tache juxta-suturale située au quart se montre plus grande et s'unit parfois au côté interne de la figure en ovale précitée.

Var. B. L'arc discal (qui semble le représentant des deux taches internes situées sur le disque, chez le *parallelus* et le *fossor*) s'unit à la suture à son côté interne, et se lie à son côté externe à la bande obliquement longitudinale naissant de la moitié du bord externe, et se prolonge jusqu'aux deux tiers, de sorte que la moitié postérieure de cette bande semble former le côté extérieur de cet arc, qui se prolonge alors plus en arrière à son côté externe qu'à l'interne.

Var. C. La tache juxta-suturale s'unit en s'agrandissant à la bordure marginale longeant la courbure postéro-externe.

Heterocerus flexuosus? Steph. Illustr. t. II, p. 101. — *Id.* Man. p. 80, 620.

Long., 0ᵐ,0040 à 0ᵐ,0051 (1 3/4 à 2 1/4 l.).

Corps oblong, faiblement ou très-médiocrement convexe ; revêtu en dessus d'un duvet grisâtre, au-dessus duquel se montrent, dans un jour convenable, des poils fins et redressés. *Antennes* brunes, avec les deux premiers articles d'un flave testacé. *Tête* noire ou d'un noir brun, revêtue d'un duvet grisâtre, hérissée de poils clairsemés. *Prothorax* élargi en ligne courbe sur les côtés, un peu anguleux vers les deux tiers ; cilié latéralement ; sans rebord aux angles postérieurs qui sont inclinés, émoussé et presque rectangulaires à ceux-ci ; finement ou à peine rebordé à la base ; médiocrement convexe ; noir ; parfois testacé ou d'un flave testacé aux angles de devant ; rarement bordé d'une couleur pareille sur les côtés ; finement pointillé ; revêtu d'un duvet grisâtre ; hérissé de poils relevés, clairsemés. *Écusson* brun ; pubescent ; en triangle de moitié au moins plus long que large ; parfois légèrement caréné. *Élytres* de la largeur du prothorax chez la ♀, un peu moins larges que ce dernier, chez le ♂ ; rebordées et garnies de cils fins sur les côtés ; subparallèles jusqu'aux deux tiers, en ogive prises ensemble postérieurement ; faiblement convexes ; assez densement marquées de points d'inégale grosseur ; revêtues d'un duvet cendré ; hérissées de poils plus longs, mi-relevés, ordinairement disposés d'une manière sériale, colorées et peintes comme il a été dit. *Repli* du prothorax et celui des élytres fauves, d'un fauve testacé. *Dessous du corps* pubescent ; noir, avec les côtés du ventre plus ou moins distinctement parés d'une bordure flave ou testacée : partie antérieure du prosternum parfois de même couleur. *Ligne saillante* des plaques abdominales prolongée en ligne courbe depuis l'angle antéro-externe du premier arceau ventral, jusqu'au cinquième externe de la largeur totale du bord postérieur de cet arceau, qu'elles suivent jusqu'aux deux tiers de la largeur de la moitié de ce bord, où elles s'évanouissent. *Pieds* pubescents, noirs, avec les tarses d'un flave rougeâtre. *Cuisses antérieures* ordinairement : les intermédiaires quelquefois : les postérieures rarement en partie d'un flave ou flave testacé livide. *Page inférieure des élytres* offrant sur les trois cinquièmes internes cinq rangées de points saillants, ordinairement marqués de points irrégulièrement disposés sur les deux cinquièmes externes.

Cette espèce habite diverses parties du littoral de la France. Nous l'avons prise sur les bords de la Méditerranée. On la trouve aussi sur les côtes occidentales de notre pays, en Angleterre, en Allemagne, etc.

Obs. Les variétés chez lesquelles la matière noire a eu peu de développement ont souvent les pieds en majeure partie au moins flaves ou testacés, et le dessous du corps fauve.

L'*H. femoralis* se distingue des *H. parallelus* et *fossor* par sa taille plus faible ; par la massue brune de ses antennes ; par ses élytres ordinairement garnies, sur les deux cinquièmes externes de leur page inférieure, de points irrégulièrement disposés, au lieu de l'être en rangées longitudinales ; par ses tibias bruns ou noirs.

Il s'éloigne d'ailleurs du *parallelus* par ses élytres ayant une tache juxta-scutellaire et une autre vers le quart juxta-sutural, au lieu d'avoir une bande juxta-suturale prolongée de la base jusqu'aux deux cinquièmes, non bordées de flave sur leurs deux tiers basilaires externes ; par le signe huméral en forme de croc, ne remontant pas ordinairement jusqu'à la base sur la fossette humérale, et incomplet en devant ; par une tache flave située vers la courbure postéro-externe.

Il diffère du *fossor*, outre les caractères indiqués, par ses élytres marquées d'une tache juxta-scutellaire flave, au lieu d'avoir une bordure flave très-grêle et souvent peu distincte, étendue depuis la fossette humérale jusqu'à l'écusson ; par ses pieds noirs, etc.

4. Heterocerus marginatus, FABRICIUS.

Ovale-oblong ; noir ou noir brun et garni d'un duvet cendré ou d'un cendré flavescent en dessus. Antennes brunes, à base flave. Prothorax élargi en ligne courbe jusqu'aux trois quarts ; rétréci ensuite ; rebordé et presque rectangulaire aux angles postérieurs ; souvent bordé latéralement de flave, au moins aux angles de devant. Elytres parées de diverses marques flaves : 1° un signe huméral en forme de croc, prolongé jusqu'au quart ; 2° une tache ovalaire juxta-suturale vers le quart ; 3° une bande obliquement transversale, située vers la moitié, anguleuse en avant vers le tiers, et en arrière vers les deux tiers de la largeur ; 4° une tache juxta-suturale aux cinq sixièmes ; 5° une bordure marginale renflée dans son milieu, des trois quarts à l'angle sutural. Pieds au moins en partie bruns.

Heterocerus marginatus, FABR. Ent. Syst. t. I, p. 262. — *Id.* Syst. Eleuth. t. I, p. 355, 1. — KIESENW. GERM. Zeit. t. IV, p. 208, pl. 3, fig. 5, — t. V, p. 481. — *Id.* Linn. Entom. t. V, p. 285, 7. — ERICHS. Naturg. t. III, p. 546, 5. — L. DUFOUR, Ann. Soc. Entom. de Fr. (1852), p. 457. — KUSTER, Kaef. Eur. XVII, 39. — STURM, Deutsch. Faun. t. XXIII, p. 59, pl. CCCCXVIII, fig. A. — L. REDTB. Faun. Austr. p. 416. — GEMM. et HAROLD, Catal. t. III, p. 940.

État normal. *Élytres* noires ou d'un brun noir ; ornées chacune de diverses marques flaves ou d'un flave rougeâtre : 1° un signe en forme de croc, naissant de l'angle huméral, prolongé le long du bord externe jusqu'au quart de leur longueur, où il se recourbe en dedans sur la fossette humérale, mais sans remonter jusqu'à la base ; 2° une tache ovalaire, voisine de la bordure suturale, au tiers de leur longueur ; 3° un signe arqué en avant, situé sur le disque, vers la moitié de la longueur, étendu depuis la suture à peu près, jusqu'aux trois cinquièmes de la largeur de l'élytre ; ordinairement unie à l'extrémité de son côté externe à une bande naissant du bord externe vers la moitié de leur longueur et prolongée d'une manière obliquement longitudinale jusqu'aux trois cinquièmes de leur longueur et les trois cinquièmes internes de leur largeur : ce signe constituant une sorte de bande obliquement transversale, offrant un angle dirigé en avant vers le tiers et un angle dirigé en arrière vers les deux tiers de la largeur ; 4° une tache ovalaire, située près de la suture, des quatre aux cinq cinquièmes de leur largeur ; 5° une bordure marginale, graduellement renflée vers son milieu et prolongée depuis les deux tiers ou trois quarts de leur largeur jusqu'à l'angle sutural ou presque jusqu'à lui.

Quand la matière noire s'est bien développée, les parties d'un flave rougeâtre sont plus restreintes ; l'arc flave situé sur le disque est séparé ou à peine uni à la bande obliquement longitudinale naissant du milieu du bord externe et prolongée jusqu'aux deux tiers de leur longueur et les deux cinquièmes externes de la largeur de chaque étui ; la tache juxta-suturale située aux cinq sixièmes est isolée de la bordure marginale postéro-externe.

Quand au contraire la matière noire a été moins abondante, les signes flaves ont pris plus d'extension :

Var. B. L'arc situé sur le disque s'unit à la bande obliquement longitudinale naissant du milieu du bord externe, pour former avec elle une bande obliquement transversale, offrant une dent dirigée en avant un peu avant la moitié de leur longueur et les deux cinquièmes de la largeur d'un étui, et une dent dirigée en arrière, prolongée jusqu'aux deux tiers de leur longueur et les deux cinquièmes externes de la largeur de chaque élytre.

Var. C. La tache juxta-sutuale située aux cinq sixièmes s'unit à la bande marginale postéro-externe.

Long., 0ᵐ,0039 à 0ᵐ,0045 (1 3/4 à 2 l.).

Corps ovale-oblong ; peu ou très-médiocrement convexe ; garni d'un duvet court, cendré ou cendré flavescent et luisant, et hérissé de poils obscurs en dessus. *Antennes* brunes, à base plus ou moins pâle. *Tête* noire ou d'un noir brun. *Prothorax* élargi d'avant en arrière, jusqu'aux trois quarts, puis incourbé aux angles postérieurs, qui sont déclives et presque rectangulairement ouverts ; rebordé sur une partie des côtés, aux angles postérieurs et à la base ; cilié latéralement ; médiocrement convexe ; très-finement ponctué ; ordinairement marqué d'une impression transverse après les angles de devant ; noir ou d'un noir brun ; souvent paré d'une bordure latérale flave rouge ou au moins d'une tache de cette couleur aux angles de devant. *Écusson* brun, en triangle un peu plus long que large. *Élytres* ordinairement au moins aussi larges en devant que le prothorax ; subparallèles jusqu'aux deux tiers ; arrondies, prises ensemble postérieurement ; rebordées et brièvement ciliées latéralement ; faiblement ou très-médiocrement convexes ; marquées d'une fossette humérale sulciforme, offrant souvent les traces de légères stries, colorées et peintes comme il a été dit. *Repli* du prothorax et celui des élytres fauve ou d'un flave fauve. *Dessous du corps* garni d'un épais duvet grisâtre ; noir, avec les côtés du ventre parés d'une bordure d'un flave testacé, peu distincte chez les individus fortement colorés : partie antérieure du prosternum parfois d'un flave rougeâtre. *Ligne saillante* des plaques abdominales prolongées en ligne un peu courbe depuis l'angle antéro-externe du premier arceau ventral, jusqu'au huitième extérieur du bord postérieur de cet arceau, qu'elle suit jusqu'aux trois quarts de la moitié de la largeur de celui-ci, où elle s'efface. *Pieds* pubescents, bruns. *Cuisses* ordinairement d'un rouge pâle dans leur seconde moitié. *Tarses* testacés.

Cette espèce se trouve dans les environs de Lyon, sur le bord des eaux douces. Elle habite aussi diverses parties de la France et de l'Allemagne.

Obs. L'*H. marginatus* diffère des espèces précédentes par son prothorax rebordé sur les côtés et aux angles postérieurs ; par ses élytres sans bordure flave à la base, et sans tache de cette couleur au côté externe de l'écusson ; ornées à l'épaule d'un signe flave en forme de croc, ne remontant pas jusqu'à la base, sur la fossette humérale, etc.

M. Westwood (*Introd. to the Mod. Classif. of Insects*, tome Ier, p. 113, pl. 7, fig. 5) a, le premier, donné la figure de la larve de cette espèce, qui lui avait été communiquée par M. Ingpen.

M. Valéry Mayet l'a également trouvée en compagnie de l'insecte parfait, dans les environs de Cette (Hérault). En voici la description :

Long., 0^m,0045 à 0^m,0051 (2 à 2 1/2 l).

Corps allongé ; composé, outre la tête, de douze segments. *Tête* blonde, garnie de duvet et hérissée de poils plus longs ; un peu plus étroite que le prothorax, forte, avancée, subarrondie en devant. *Front* grand. *Épistome* transversal, très-court. *Labre* arrondi en devant. *Mandibules* fortes, un peu saillantes au devant du labre, deutées en dedans. *Dessous de la tête* formé de trois pièces longitudinales, séparées par un sillon, représentant le menton et les mâchoires : celles-ci offrant en devant une ou deux petites saillies. *Palpes maxillaires* de trois articles : les *labiaux* de deux. *Antennes* peu distinctes, situées près de la base des mandibules. *Ocelles* au nombre de cinq de chaque côté : quatre situés près du bord latéral de la tête : un plus inférieur et situé un peu plus avant. *Segments thoraciques* garnis, comme la tête, de duvet et hérissés de poils plus allongés : le *prothorax* plus grand, blond : les deux suivants, à peu près aussi larges, plus courts et brunâtres ou d'un fauve brun. *Arceaux abdominaux* de même couleur ; non duveteux, mais hérissés de poils assez longs et clairsemés ; subgraduellement rétrécis, surtout les trois derniers : les sept ou huit premiers arrondis ou subanguleux sur les côtés : le dernier relevé en dessous sur ses bords, en forme d'ovale enclosant la région anale. *Pieds* courts, blonds : les antérieurs plus robustes. *Hanches* transverses. *Cuisses* comprimées, élargies d'arrière en avant : les antérieures plus fortes, une fois plus longues que le tibia et les tarses réunis : le tibia assez court et suivi d'un tarse une fois plus court et terminé par un ongle robuste.

5. **Heterocerus arragonicus**, Kiesenwetter.

Oblong, noir ou noir brun, et garni en dessus d'un duvet cendré flavescent. Antennes brunes, à base flave. Prothorax rebordé aux angles postérieurs ; paré sur les côtés d'une bordure d'un rouge flave. Élytres brunes, parées chacune de divers signes d'un rouge flave ; 1° une bande longitudi-

nale juxta-suturale, prolongée de la base jusqu'aux deux cinquièmes ; 2° une tache marginale couvrant le bord externe du cinquième aux deux cinquièmes ; 3° une tache arquée ou semi-orbiculaire sur le disque, souvent unie à une tache marginale plus postérieure : une tache juxta-suturale aux six septièmes, souvent unie à une bordure marginale postérieure. Cuisses d'un rouge testacé : jambes brunes, au moins extérieurement.

Heterocerus arragonicus, KIESENWET. Stett. Ent. Zeit. (1850), p. 223, 7. — *Id.* Linn. Entom. t. V, p. 288, 13. — GEMM. et HAROLD, Catal. t. III, p. 938.

ÉTAT NORMAL. *Élytres* noires, parées chacune de divers signes d'un rouge flave : 1° une bande juxta-suturale, naissant de la base où elle se dilate un peu du côté externe, et longitudinalement prolongée jusqu'aux deux cinquièmes de leur longueur : 2° une tache presque carrée, couvrant le bord marginal, du cinquième ou deux cinquièmes environ de leur longueur, étendue presque jusqu'à la moitié de la largeur, où elle est séparée de la bande longitudinale précitée, par une ligne noire : cette tache liée par son angle antéro-externe à une bordure humérale flave, très-étroite ; 3° une tache arquée en devant ou presque semi-orbiculaire, située sur le disque, vers la moitié de leur longueur, mais plus rapprochée de la bordure suturale que du bord externe ; 4° une tache carrée ou presque carrée, liée au bord externe des quatre septièmes aux cinq septièmes, presque unie par son angle antéro-interne à l'angle postéro-interne de la tache discale ; 5° une tache ovalaire obliquant un peu en dehors d'avant en arrière, située près de la bordure suturale, du septième au dernier huitième de leur longueur ; 6° une bordure marginale graduellement plus large dans son milieu, joignant la courbure postéro-externe, depuis les trois quarts de leur longueur jusque près de l'angle sutural.

Var. B. Quand la matière colorante noire a pris moins d'extension, la couleur d'un rouge flave semble alors la couleur foncière dominante ; les élytres paraissent de cette couleur, et ornées d'une bordure suturale noire, assez étroite, ordinairement interrompue du cinquième aux deux cinquièmes de leur longueur, et suborbiculairement renflée en devant de l'angle sutural, et chacune de divers signes, noirs : 1° une tache suborbiculaire ou presque carrée sur le calus huméral, couvrant la moitié externe de la largeur de l'élytre, en laissant une très-étroite bordure humérale flave : cette tache prolongée jusqu'au cinquième de leur longueur ; 2° une barde transversale arquée en devant, unie, un peu après la moitié de la longueur, au bord externe et à la bordure suturale, liée, dans le milieu de son bord antérieur, à la tache humérale, par une ligne longitudinale noire, naissant de l'angle postéro-externe de cette tache ; 3° une bande obliquement transversale en zig-zag, unie à la bordure suturale un peu avant les deux tiers, et au bord externe un peu après les deux tiers de leur longueur : cette bande formant sur l'élytre droite la figure d'un Z oblique.

Obs. Dans cette variété extrême, les parties noires se sont rétrécies ; les deux bande noires ne s'étendent pas jusqu'au bord externe et laissent les élytres parées d'une bordure marginale flave, très-étroite au côté de l'épaule et prolongée jusqu'à l'angle sutural ; la bordure suturale noire est interrompue ou réduite au rebord, entre l'écusson et la bande transverse antérieure : la tache discale flave s'est unie par son angle postéro-externe à la tache marginale voisine, et la tache postérieure juxta-suturale a pris plus d'extension et s'est confondue avec le milieu de la bordure marginale subapicale.

Plus rarement, la tache marginale antérieure s'unit à la bande marginale longitudinale juxta-suturale.

Long., 0^m,0033 à 0^m,0039 (1 1/2 à 1 3/4 l.).

Corps oblong très-médiocrement ou faiblement convexe ; garni en dessus d'un duvet cendré flavescent. *Tête* noire. *Épistome* tronqué en ligne droite en devant. *Prothorax* élargi en ligne un peu courbe jusqu'aux angles postérieurs qui sont déclives, mais paraissant un peu anguleux vers les deux tiers ; finement rebordé sur les côtés, aux angles postérieurs et à la base ; garni latéralement de longs cils livides ; émoussé aux angles postérieurs ; médiocrement convexe, avec les côtés et surtout les angles postérieurs convexement déclives ; finement et densement pointillé ; noir, paré latéralement d'une bordure d'un flave rougeâtre. *Écusson* en triangle plus long que large ; noir, pubescent. *Élytres* au moins aussi larges ou un peu plus larges que le prothorax ; rebordées et ciliées latéralement ; subparallèles jusqu'aux trois cinquièmes ou un peu plus ; en ogive subarrondie postérieurement ; faiblement convexes ; marquées d'une fossette humérale ; offrant ordinairement les traces de quelques stries ; presque aussi finement, mais un peu moins densement ponctuées que le prothorax ; colorées et peintes comme il a été dit. *Repli* du prothorax flave rougeâtre. *Repli des*

élytres ordinairement de même couleur. *Dessous du corps* finement pointillé ; garni d'un duvet cendré ou cendré flavescent ; noir, avec les côtés
et l'extrémité du ventre parés d'une bordure d'un rouge flave ; partie
antérieure du prosternum souvent de cette couleur. *Ligne saillante* des
plaques abdominales prolongée en ligne presque droite et peu courbe depuis l'angle antéro-externe du premier arceau ventral jusqu'au huitième
externe du bord postérieur de cet arceau, qu'elle suit presque jusqu'aux
trois quarts de la largeur de la moitié de cet arceau, où elle s'évanouit.
Pieds : cuisses d'un rouge flave ou testacé, avec les trochanters postérieurs
bruns : les autres moins obscurs : jambes brunes, chez les individus nor-
malement colorés, d'un rouge testacé avec le bord brun, chez les autres.
Tarses d'un rouge testacé ou testacé brunâtre. *Page inférieure des élytres*
marquée de rangées longitudinales de points plus ou moins apparents : la
cinquième et la septième à partir de la suture postérieurement relevées en
une ligne saillante.

Cette espèce se trouve dans les environs de Lyon, dans nos provinces
méridionales et en Catalogne. Elle nous a été envoyée des environs de
Perpignan, par M. de Kiesenwetter.

L'*H. arragonicus* se distingue des *H. parallelus, fossor* et *femoralis* par
les angles postérieurs de son prothorax munis d'un rebord ; du *marginatus*
par ses élytres couvertes sur le calus huméral d'une tache noire suborbiculaire ou presque carrée, couvrant la fossette humérale ; parées d'une bande
longitudinale juxta-suturale flave, naissant de la base et prolongée jusqu'aux deux cinquièmes de leur largeur ; des *laevigatus* et *fusculus* par sa
fossette humérale noire ; de l'*obsoletus* par sa bande juxta-suturale flave
naissant de la base, par le dessin de ses élytres, etc.

6. **Heterocerus laevigatus**, Panzer.

*Oblong ; noir, garni d'un duvet cendré soyeux en dessus. Antennes brunes
avec les deux premiers articles flaves. Prothorax rebordé aux angles postérieurs, d'un rouge flave sur les côtés ou au moins aux angles devant.
Élytres marquées de divers signes d'un rouge flave : 1° une bordure marginale très-étroite à l'épaule, dilatée d'une manière obliquement longitudinale du cinquième aux trois septièmes, puis brièvement transverse des
quatre septièmes aux deux tiers ; 2° une double bande longitudinale pro-*

longée de la base aux deux cinquièmes, sur les côtés de la suture ; 3° une igne sur la seconde moitié de la fossette humérale ; 4° deux petites taches sur le disque ; 5° deux petites taches postérieures, parfois unies. Pieds d'un rouge flave ou en partie bruns.

Heterocerus laevigatns, Panz. Faun. Germ. 23, 12. — Fabr. Syst. Eleuth. t. 1, p. 356, 3. — Kiesenw. Germ. Zeit. t. IV, p. 217, 15, pl. 3, fig. 10. — t. V, p. 482. — *Id.* Linn. Entom. t. V, p. 291, 19. — Erichs. Naturg. t. III, p. 548, 8. — Kuster. Kaef. Fur. XVII, 41. — Sturm. Deutsch. Faun. t. XXIII, p. 65, 8, pl. CCCCXIX, fig. A. — L. Redtenb. Faun. Austr. p. 416. — Gemm. et Harold, Catal. t. II, p. 938.

Heterocerus Marshami? Steph. Illustr. t. II, p. 101. — *Id.* Man. p. 80,620, var.

Heterocerus varicgatus, Dej. Catal. 3ᵉ édit. p. 146.

Heterocerus pusillus, Waltt, Isis (1839), p. 221 (pars.)

Heterocerus marginatus, var. L. Dufour, Ann. Soc. Entom. de Fr. (1852), p 457.

État normal. *Élytres* noires ou brunes, parées chacune de divers signes d'un flave rouge : 1° une bordure marginale nulle ou très-étroite depuis l'angle huméral jusqu'au sixième ou cinquième de leur longueur, dilatée ensuite jusqu'aux deux cinquièmes ou trois septièmes de leur longueur, en forme de bande obliquement longitudinale, inclinant en arrière ; dilatée de nouveau des quatre septièmes aux cinq septièmes ou deux tiers, en forme de bande transverse courte, plus étroite extérieurement, plus longues au côté interne, et paraissant souvent formée de l'union d'une tache oblongue unie par le milieu de son côté externe à la bordure marginale : cette bordure prolongée ensuite d'une manière régulière jusqu'à l'angle sutural ; 2° une double bande longitudinale prolongée le long de la suture, depuis la base jusqu'aux deux cinquièmes de leur longueur ; 3° une petite ligne étroite, prolongée sur la fossette humérale, du cinquième aux deux cinquièmes de leur longueur ; 4° deux petites taches, sur le disque, vers la moitié de leur longueur, sublinéaires, subparallèles, souvent divergentes d'avant en arrière : l'externe dépassant à peine la moitié de la largeur, voisine de la partie brune intermédiaire entre la première et la seconde dilatation de la bordure marginale : l'interne, rapprochée de la bordure suturale ; 5° deux petites taches, voisines l'une de l'autre, vers les trois quarts de leur longueur : l'interne, un peu plus antérieure et plus raccourcie postérieurement : l'externe, sublinéaire, séparée de la bordure marginale par un intervalle linéaire noir.

Obs. Quand la matière colorante a eu le temps de se développer suffisamment et en abondance, la couleur foncière des élytres est noire.

Var. A. Parfois alors les bandes juxta-scutellaires semblent interrompues dans leur milieu et réduites à deux taches.

Ordinairement alors, la ligne noire de la fossette reste un peu isolée de la bordure marginale flave.

Quand la matière colorante noire n'a pas eu le temps de se développer suffisamment, la couleur foncière passe au brun, au brun fauve ou même au fauve de nuances variables.

Var. B. Quelquefois l'espace brun existant entre la première et la seconde dilatation de la bordure marginale flave est réduit à une ligne ou à un trait isolé de la tache discale externe.

Var. C. Souvent la ligne ou le trait situé sur la fossette humérale s'avance près de la base, se lie postérieurement à la bordure marginale, et même quelquefois à la partie postérieure des bandes juxta-suturales.

Obs. Les bandes juxta-suturales semblent parfois réunies en une seule plus large.

Var. D. La tache discale externe s'unit à la seconde dilatation de la bordure marginale.

Quelquefois alors les deux taches discales sont en partie réunies.

Var. E. La tache interne postérieure est parfois très-réduite, nulle ou confondue avec l'externe.

Obs. Quand la couleur foncière a passé au fauve pâle, ces petites taches ou ces taches réduites à une seule semblent se lier à la bordure apicale.

Long., 0ᵐ,0033 à 0ᵐ,0052 (1 1/2 à 2 1/3 l.).

Corps oblong, faiblement ou très-médiocrement convexe; pubescent en dessus. *Antennes* ordinairement brunes, avec les deux premiers articles pâles, à massue parfois fauve, ou même d'un fauve livide. chez les variétés pâles. *Tête* habituellement noire ou brune, garnie d'un duvet cendré, très-court, et hérissée de poils fauves ou obscurs. *Prothorax* élargi en ligne courbe jusqu'aux trois quarts ou un peu plus, subarrondi et finement rebordé aux angles postérieurs et à la base ; finement rebordé et cilié sur les côtés ; médiocrement convexe ; finement pointillé ; mi-hérissé d'un duvet fauve peu allongé ; ordinairement noir ou brun, avec les côtés parés d'une bordure blonde, réduite parfois à une tache aux angles de devant. *Écusson* en triangle, d'un quart au moins plus long que large ; noir ou brun, parfois d'un brun fauve, chez les variétés claires. *Élytres* un peu plus larges en devant que le prothorax (♂), à peine plus larges (♀) ; rebordées et ciliées sur les côtés ; subparallèles jusqu'aux deux tiers, arrondies postérieurement, prises ensemble ; faiblement ou très-médiocrement convexes ; marquées d'une fossette humérale, colorées et peintes comme il a été dit ; hérissées d'un duvet fauve flavescent, peu allongé, laissant paraître sous lui des points cendrés, brillants, formés par un duvet très-court. *Repli prothoracique* ordinairement brun avec le bord externe blond, parfois presque entièrement blond ou d'un flave testacé. *Repli des élytres*, tantôt de cette dernière couleur, tantôt brun. *Dessous du corps* ordinairement brun, avec les côtés du ventre d'un blond testacé ; entièrement blond ou testacé chez les variétés pâles ; garni d'un duvet cendré grisâtre chez les individus fortement colorés, d'un duvet blond cendré, chez les variétés pâles. *Plaques du premier arceau ventral* prolongées en ligne courbe jusqu'au huitième externe du bord postérieur de l'arceau, qu'elles suivent jusqu'aux trois quarts externes de la largeur totale de cet arceau. *Pieds* blonds ou d'un blond testacé : les tibias et les tarses souvent bruns ou brunâtres chez les individus foncés en couleur. *Cuisses* et *jambes* garnies de poils assez longs. *Page inférieure des élytres* offrant huit ou neuf rangées de points.

Cette espèce paraît n'être pas rare dans diverses parties de la France. On la trouve dans les environs de Lyon, de Paris, en Lorraine, en Provence, en Languedoc, etc.

Obs. L'*H. laevigatus* se distingue des *H. parallelus, fossor* et *femoralis* par son prothorax rebordé aux angles postérieurs ; par ses élytres n'offrant qu'une courte ligne étroite sur la seconde moitié de sa fossette humérale, parées de deux petites taches sublinéaires sur le disque, etc. Il s'éloigne du *marginatus* par ses élytres parées d'une bande longitudinale prolongée le long de la bordure suturale, depuis la base jusqu'aux deux cinquièmes ;

parées d'une petite ligne flave sur la seconde moitié de la fossette humérale ; par sa bordure marginale flave, deux fois dilatée, etc.

M. Letzner, dans ses *Matériaux pour l'histoire des métamorphoses des Coléoptères*, insérés dans le mémoire publié, en 1853, à l'occasion du cin-
quantième anniversaire de la fondation de la Société de Silésie, a donné,
sur la vie évolutive de cette espèce, les détails suivants :

Larve. Long., 0ᵐ,0056 (2 1/2 l.) (1).

Tête noire ; garnie d'une courte et fine pubescence. *Ocelles* au nombr
de cinq : quatre sur la partie supérieure, et un sur l'inférieure. *Antennes*
nulles ou indistinctes. *Thorax* faiblement convexe ; formé de trois anneaux.
divisés chacun, par un sillon longitudinal médiaire, en deux parties, creusées chacune d'une fossette. *Abdomen* distinctement séparé du thorax ;
rétréci d'avant en arrière ; de neuf anneaux : les sept premiers munis chacun
en dessus d'une bande transverse, cornée, brune, plus foncée sur les derniers : le premier un peu rétréci en devant, hérissé, ainsi que les deuxième
et troisième, de poils longs et assez nombreux : les huitième et neuvième
parés chacun d'une bordure noire et cornée ; et hérissés de poils noirs.
L'anus, quand il est saillant, a la forme d'un tuyau infléchi. *Dessous du
corps* d'un blanc livide, comme la moitié postérieure du dessus de l'abdomen, et hérissé de poils noirs. *Pieds* assez forts ; garnis de poils fins et
courts.

La *nymphe* est à peine longue d'une ligne et demie, blanche, avec les
ocelles noirs. Elle a la tête fortement infléchie ; les antennes couchées sur
le bord inférieur des yeux ; les ailes, plus longuement prolongées que les
élytres, embrassent les côtés de la poitrine et se joignent, par leur pointe,
vers le bord postérieur du postpectus, sans atteindre le ventre. L'abdomen
offre en dessus neuf arceaux, dont les huit premiers portent, en dessus,
une rangée transversale de poils : le neuvième, ou segment anal, se termine par deux pointes assez longues, grêles et aiguës. La tête, le prothorax
et les élytres sont hérissés de poils brunâtres assez nombreux. La peau de
la larve reste ordinairement attachée au dernier segment de la nymphe.
Celle-ci est très-vive et fait souvent mouvoir les anneaux de son abdomen,
même sans y être provoquée par des attouchements.

(1) Voy. LETZENER, loc. cit., et STURM, loc. cit., pl. CCCCXIX, fig. D et E.

Quand la larve veut se transformer en nymphe, elle choisit un endroit de ses galeries qui soit à sec et y forme, avec de la vase humide, une coque de la grosseur d'un pois et d'une forme variable, dans laquelle elle passe à sa seconde métamorphose. Ce changement a lieu vers la fin de septembre, et avant les derniers jours d'octobre paraît l'insecte parfait. M. Letzner les a obtenus même dès le 10 de ce dernier mois (1).

7. Heterocerus fusculus, KIESENWETTER.

Oblong, noir, garni d'un duvet court et cendré en dessus. Antennes brunes, à premier article parfois pâle. Prothorax rebordé aux angles pos-térieurs, souvent flave aux angles de devant. Élytres noires, marquées de divers signes flaves ou d'un flave rouge : 1° une bordure marginale, très-étroite à l'épaule, dilatée d'une manière obliquement longitudinale du cin-quième aux trois septièmes, puis brièvement transverse des quatre septièmes aux deux tiers ; 2° une bande longitudinale étroite, prolongée de la base aux deux cinquièmes sur les côtés de la suture : 3° une ligne sur la fossette humérale, presque avancée jusqu'à la base ; 4° deux petites taches sur le disque : deux petites taches postérieures souvent confondues ensemble. Pieds ordinairement bruns.

Heterocerus fusculus, KIESENW. GERM. Zeit. t. IV, p. 220,17, pl. 3, fig. 2, — t. V, p. 282. — Id. Linn. Entom. t. V, p. 291, 20. — ERICHS. Naturg. t. III, p. 549, 9. — KUSTER, Kaef. Eur. VII, 42. — STURM, Deutsch. Faun. t. XXIII, p. 70, 9, pl. 419, fig. K. — L. REDTENB. Faun. Austr. p. 416. — GEMM. et HAROLD, Catal. t. III, p. 939.

Long., 0^m,0028 à 0^m,0033 (1 1/4 à 1 1/2 l.).

Le *H. fusculus* diffère du *laevigatus* par une taille plus faible, par ses antennes ordinairement moins pâles à la base ; par son duvet moins luisant ; par ses élytres offrant, au lieu d'une double bande juxta-suturale, une bande plus étroite ; une ligne étroite sur la fossette humérale, et avancée ou presque avancée jusqu'à la base au lieu de ne couvrir que la seconde moitié de la fossette humérale ; la petite tache postérieure interne

(1) Voy. LETZNER, loc. cit., et STURM, t. XXIII, pl. CCCCXIX, fig. *f* à *i*.

le plus souvent unie à l'externe ; des pieds ordinairement bruns, ou d'une seule couleur flave, chez les variétés pâles, au lieu d'être en partie bruns ; mais le dessin des élytres, soit dans leur état normal, soit dans ses variations, a tant d'analogie ou de ressemblance avec celui du *laevigatus* , qu'il semble souvent n'être qu'une variété plus petite de ce dernier.

Le *H. pulchellus,* Kiesenwetter, n'est peut-être, suivant cet auteur, qu'une variété du *fusculus.*

Il en diffère cependant par une taille plus petite ; par son. corps d'une forme plus étroite et paraissant plus allongée ; plus faiblement convexe ; par son prothorax plus court, à peine rétréci en devant; par ses élytres plus fortement ponctuées ; d'un dessin analogue à celui de la précédente espèce, mais avec la différence que la bande juxta-suturale naissant de la base et prolongée jusqu'aux deux cinquièmes est interrompue dans son milieu et constitue deux taches flaves : l'une basilaire : l'autre se terminant au tiers ou aux deux cinquièmes.

Long., à peine 0^m,0022 (1 l.).

M. de Kiesenwetter n'a eu sous les yeux que deux individus, trouvés en Allemagne, de cette espèce, qui nous est inconnue et qui mérite peut-être un nouvel examen.

8. Heterocerus obsoletus, Curtis.

Ovale oblong ; noir et hérissé d'un duvet obscur en dessus. Prothorax rebordé aux angles postérieurs. Élytres parées d'une bordure marginale, prolongée depuis le cinquième jusqu'à l'angle sutural , et chacune de huit taches d'un rouge roux, souvent peu distinctes : les première et deuxième en rangée obliquement transverse sur le quart : la troisième liée à la bordure marginale au tiers : les quatrième et cinquième sur le disque : la sixième aux deux tiers près de la bordure marginale : la septième aux quatre cinquièmes : la huitième un peu plus postérieure , liée ou presque liée à la bordure marginale. Pieds noirs, avec les tarses moins obscurs.

Desmartes fenestratus? Thunb. Nov. Act. Upsal. t. IV, p. 3, 2.

Heterocerus marginatus, Marsh. Ent. Brit. p. 401, 38.

Heterocerus obsoletus, Curtis, Brit. Entom. t. V, pl. 224. — Steph. Illustr. t. II,

p. 102. — *Id*. Man. p. 80, 622. — Kiesenw. Germ. Zeit. t. IV, p. 215, 15, pl. 3, fig. 9. — *Id*. t. V, p. 482. — *Id*. Linn. Entom. t. V, p. 291, 18. — Erichs. Naturg. t. III, p. 545, 4. — Kuster, Kaef. Eur. XVII, 38. — Sturm, Deutsch. Faun. t. XXIII, p. 56, 4, pl. CCCCXVII, fig. C. — L. Redtenb. Faun. Austr. p. 416.

État normal. *Élytres* noires, obscures, laissant peu facilement distinguer les signes d'un rouge roux dont elles sont parées, savoir : 1° une bordure marginale prolongée depuis le cinquième du bord externe, jusqu'à l'angle sutural ; 2° huit ou sept taches : les première et deuxième disposées en une rangée un peu obliquement transverse : l'externe, plus antérieure, située presque au quart de la longueur, et aux trois cinquièmes de la largeur, à partir de la suture : la deuxième ou interne aux deux septièmes de la longueur et aux deux cinquièmes de la largeur : la troisième liée à la bande marginale presque au tiers de leur longueur : les quatrième et cinquième, situées sur le disque, petites, divergentes d'avant en arrière ; souvent unies à leur partie antérieure, et constituant alors une seule tache , en forme d'arc ou d'accent circonflexe : la sixième , aux deux tiers, voisine de la bordure marginale ou parfois liée à elle : la septième aux quatre cinquièmes de leur longueur, près de la bordure suturale : la huitième, un peu plus postérieure, voisine de la bordure marginale et souvent liée à elle.

Disposition des taches des élytres :

Trois, voisines de la bordure marginale ou liées à elle : la première presque au tiers : la deuxième presque aux deux tiers : la troisième aux six septièmes.

Trois, rapprochées de la bordure marginale : la première presque au quart : la deuxième vers les quatre septièmes : la troisième aux cinq sixièmes.

Deux, rapprochées des première et deuxième précédentes ; plus rapprochées de celles-ci que de celles qui sont voisines de la bordure marginale : la première aux deux septièmes : la deuxième vers sa moitié ou peu après.

Long., 0^m,0045 à 0^m,0052 (2 à 2 1/3 l.) ; — larg., 0^m,0020 (9/10 l.).

Corps oblong ou ovale oblong ; une fois environ plus long que large ; très-médiocrement convexe ; d'un brun noir mat en dessus , et hérissé de poils redressés bruns ou d'un brun fauve, sous lesquels se montre un duvet très-court, d'un cendré grisâtre, mi-brillant sur les élytres. *Antennes* brunes, avec la base souvent moins obscure. *Tête* et *prothorax* d'un brun noir : celui-ci élargi, sur les côtés, en ligne un peu courbe jusque près des angles postérieurs, qui semblent subarrondis ; garni latéralement de longs cils grisâtres ou d'un gris roussâtre : distinctement rebordé sur la moitié postérieure des côtés, aux angles postérieurs et à la base ; médiocrement convexe ; pointillé ; d'un brun noir ou noir brun, souvent d'un rouge testacé aux angles de devant. *Écusson* en triangle, ordinairement près de moitié plus long que large. *Élytres* aussi larges ou à peine plus larges en devant que le prothorax ; rebordées et assez longuement garnies de cils cendrés sur les côtés ; très-médiocrement convexes ; creusées d'une fossette humérale ; offrant quelques légères traces de stries ou de sillons ; marquées de points assez rapprochés, notablement moins petits que ceux du prothorax ; non ruguleuses ; colorées et peintes comme il a été dit. *Repli* du prothorax et celui des élytres d'un brun noir ou noir brun : le premier souvent d'un livide testacé à son angle antérieur. *Dessous du corps* d'un noir brun ou d'un brun noir, avec les côtés et le bord postérieur du ventre ordinairement d'un roux testacé ; très-finement ponctué ; garni sur le mé-tathorax d'un duvet grisâtre, couché, luisant ; hérissé sur les côtés de la poitrine et surtout sur le ventre de longs poils d'un fauve obscur, sous lesquels on voit un duvet grisâtre très-court.

Lignes saillantes des plaques abdominales prolongées en ligne courbe, depuis l'angle antéro-externe du premier arceau ventral jusqu'au dixième externe du bord postérieur de cet arceau qu'elles suivent jusqu'aux trois quarts externes de la moitié du dit arceau. *Pieds* noirs ou bruns, avec les tarses moins obscurs et les ongles testacés : les cuisses et les jambes garnies de longs poils.

Cette espèce habite diverses parties de la France. On la trouve surtout dans les zones froides ou tempérées.

Obs. Le *H. obsoletus* est aisément distinct de tous les autres par le nombre et la disposition des taches de ses élytres, peu faciles souvent à distinguer ; par l'absence de ligne pâle sur la fossette humérale et de taches ou de bande voisine de l'écusson.

La plupart des auteurs rapportent à l'*H. laevigatus*, le *Dermestes fenes-tratus* de Thunberg. Peut-être sa synonymie est-elle ici mieux placée.

Voici la description de l'auteur suédois :

Fuscus, elytris maculis sexdecim pallidis, tibiis omnibus spinosis.

Schneider, dans son *Neuestes Magazin*, p. 318, dit à propos de l'*Hete-rocerus marginatus* :

« Il y a quelque temps, je soumis à l'examen de Fabricius le *Dermestes fenestratus* de Thunberg. Voici sa réponse : « *Novum genus Heterocerus.* »

Que cet insecte, ajoute Schneider, soit le *H. marginatus* ou une autre espèce, il doit rentrer dans cette nouvelle coupe générique.

9. Heterocerus (*mirulus*) murinus, Kiesenwetter.

Ovale oblong ; assez convexe ; d'un brun de souris et garni d'un duvet très-court, cendré grisâtre et luisant en dessus. Prothorax rebordé et arrondi aux angles postérieurs. Écusson très-petit, plus large que long. Élytres souvent d'un brun fauve, sans taches. Dessous du corps brun ou brun rougeâtre. Pieds d'un rouge testacé.

Heterocerus murinus, Kiensenw. Germ. Zeit. t. IV, p. 221, 20. — *Id*. Linn. Entom. p. 297, 36. — Erichs. Naturg. t. III, p. 551, 12. — Sturm. Deutsch. Faun. t. XXIII, p. 81, 14, pl. CCCCXX, fig. D. — L. Redtenb. Faun. Austr. p. 416, Note. — Gemm. et Harold, Catal. t. III, p. 939.

Long., 0^m,0011 (1/2 l.).

Corps ovale-oblong ; assez convexe ; d'un brun gris et garni d'un duvet très-court, cendré grisâtre, luisant en dessus. *Antennes* brunâtres, avec la base flave. *Tête* brune. *Prothorax* de même couleur ; élargi en ligne courbe sur les côtés ; jusque près des angles postérieurs ; arrondi et rebordé à ceux-ci ; convexe ; sans taches. *Écusson* petit, plus large que long. *Élytres* aussi larges en devant que le prothorax ; rebordées et à peine ciliées latéralement ; parallèles jusqu'aux deux tiers ; arrondies, prises ensemble postérieurement ; assez convexes ; marquées d'une faible fossette humérale ; peu finement ponctuées ; offrant parfois les légères traces d'une strie juxta-suturale ; garnies d'un duvet très-court, cendré ou cendré grisâtre, luisant, pruineux ; d'un brun gris ou d'un brun fauve, sans tache. *Repli* du prothorax d'un brun fauve : celui des élytres brun. *Dessous du corps* brièvement pubescent ; d'un brun rougeâtre sur la poitrine, moins clair sur le ventre. *Pieds* d'un rouge testacé.

Cette espèce, découverte par M. Rosenhauer, sur les bords du Lech, se trouve dans les environs de Lyon et dans diverses autres parties de la France.

Obs. Elle se distingue de toutes les précédentes, non-seulement par sa petitesse et par ses élytres sans taches, mais encore par son écusson très-petit, plus large que long.

A notre genre HETEROCERUS se rattache l'espèce suivante :

Heterocerus crinitus, KIESENWETTER. *Ovale ; médiocrement convexe ; d'un noir brun ; garni en dessus d'un duvet cendré, et hérissé de longs poils d'un fauve livide. Prothorax parfois paré d'une courte ligne médiane d'un rouge livide ; élargi en ligne courbe jusqu'aux angles postérieurs ; faiblement rebordé à ceux-ci. Élytres assez grossièrement ponctuées ; offrant ordinairement jusqu'à la moitié au moins des traces de stries : à peine rougeâtres sur les côtés ; à repli parfois testacé. Dessous du corps et pieds bruns : tarses d'un fauve testacé.*

Heterocerus crinitus, KIESENW. Stett. Entom. Zeit. (1850), n° 7, p. 224. — *Id.* Linn. Entom. t. V, p. 297, 35. — GEMM. et HAROLD, Catal. t. III, p. 939.

PATRIE : la Styrie.

Nous ignorons si cet insecte a été trouvé en France.

Obs. M. Sturm a donné de l'*H. crinitus* une figure qui s'éloigne de la description précédente, en ce qu'elle offre plusieurs signes, qui sans doute sont le plus souvent peu ou point apparents, savoir : 1° une bordure marginale rougeâtre, et les signes suivants, flaves ; 2° une tache ou courte bande liée à la bordure marginale du sixième au quart environ de la longueur, étendue d'avant en arrière jusqu'au tiers externe de la largeur de chaque étui ; 3° une tache subarrondie, juxta-suturale, vers le tiers ou les deux cinquièmes de leur longueur ; 4° une bande arquée, obliquement transversale, voisine de la suture, aux quatre septièmes de leur longueur, à son côté interne, liée aux deux tiers de la bordure marginale ; 5° une tache ovalaire juxta-suturale des deux tiers aux cinq sixièmes de leur longueur.

Heterocerus crinitus, STURM, Deutsch. Faun. t. XXIII, p. 79, 13, pl. CCCCXX, fig. B.

Genre *Augyles*. Augyle, Schiodte.

Schiodte. Naturhistorisk Tidsskrift, 3ᵉ série, t. IV, p. 166.

Caractères. Ajoutez à ceux indiqués pour la tribu :

Ligne saillante des plaques abdominales remontant vers les hanches, après avoir suivi le bord postérieur du premier arceau ventral.

Tableau des espèces de France :

A Pieds noirs ou bruns. Prothorax ordinairement sans ligne ou tache d'un rouge flave sur sa ligne médiane, et sans bordure pâle sur les côtés.   *hispidulus.*

AA Pieds pâles. Prothorax paré d'une ligne ou d'une tache d'un rouge pâle sur sa ligne médiane.

B Prothorax ordinairement non paré sur les côtés d'une bordure pâle. Élytres flaves, parées d'une bordure suturale brune, élargies en devant, et vers les deux tiers d'une bande transversale en zig-zag, avancée en angle en devant, et prolongée en angle en arrière.   *marmota.*

BB Prothorax paré sur les côtés d'une bordure d'un flave rouge. Élytres d'un blanc flavescent, parées d'une bordure brune ou brunâtre élargie en devant, et, vers les deux tiers, d'une bande transverse avancée en pointe à son angle antéro-externe, et prolongée en arrière en pointe à son angle postero-externe.   *minutus.*

1. Augyles hispidulus, Kiesenwetter.

Ovalaire ou ovale oblong ; faiblement convexe. Tête et prothorax noirs, garnis d'un duvet cendré grisâtre : le prothorax plus étroit en devant qu'à ses angles postérieurs, rebordé à ceux-ci. Élytres offrant ordinairement les traces de stries ; garnies d'un duvet cendré, luisant, formé de poils fins, presque couchés, pruineux et souvent presque sérialement disposés ; noires, parées chacune de divers signes d'un rouge flave ou d'un flave orangé : 1° une bande obliquement transverse naissant au dixième antérieur du bord marginal, couvrant le tiers de la bordure marginale : cette bande parfois formée de deux taches ; 2° une bordure marginale prolongée presque jusqu'à l'angle sutural ; 3° un arc sur le disque, laissant la bordure suturale noire et liée à la bordure marginale : 4° une tache ovale juxta-suturale, des quatre aux cinq sixièmes. Pieds bruns, au moins en majeure partie.

♂ Ligne saillante des plaques abdominales striée sur son côté externe.

Heterocerus hispidulus, KIESENW. GERM. Zeit. t. IV, p. 211, 8, pl. 3, fig. 7, et t. V,
p. 481. — *Id.* Linn. Entom. t. V, p. 287. — ERICHS. Naturg. de Ins. Deutsch.
t. III, p. 547, 7. — KUSTER, Kaef. Eur. XVII, 40. — STURM, Deutsch. Faun.
t. XXIII, p. 23, 7, pl. 418, fig. C. — L. REDTENB. Faun. Austr. p. 416. —
GEMM. et HAROLD. Catal. t. III, p. 939.

Augyles hispidulus, SCHIODTE, Naturhist. Tidsskrift, 3ᵉ série, t. IV, p. 166.

ÉTAT NORMAL. *Élytres* noires ou d'un noir brun ; parées chacune de
divers signes d'un rouge flave : 1° une bordure marginale nulle ou très-
étroite sur le dixième antérieur, et prolongée presque jusqu'à l'angle sutural ; 2° une bande un peu obliquement transverse, liée à une bordure flave
très-étroite, avancée jusqu'à l'épaule, couvrant ce bord marginal du dixième
au quart de la longueur ; un peu obliquement dirigée vers la bordure suturale qui reste noire ; couvrant à son côté interne du cinquième aux trois
septièmes ou des deux neuvièmes aux quatre neuvièmes de leur longueur :
cette bande tantôt sans division, tantôt formée de deux taches plus ou moins
étroitement séparées : l'externe, tantôt en parallélipipède longitudinal,
tantôt ovalaire, obliquement coupée à son bord anérieur, étendue jusqu'à
la moitié de la largeur de l'élytre : l'interne, ordinairement en ovale allongé ;
3° une sorte d'arc dirigé en avant, offrant sa partie la plus avancée vers la
moitié de leur longueur, paraissant souvent formé de deux taches unies
ou faiblement séparées : l'interne, joignant la bordure marginale, un peu
plus antérieure et moins postérieurement prolongée ; l'externe ne joignant
pas la suture, atteignant les deux tiers de la longueur de l'étui ; 4° une
tache subarrondie ou ovale ; située près de la bordure suturale, des quatre
aux cinq sixièmes de leur longueur.

Quand la matière noire s'est développée d'une manière normale, la tache
d'un rouge flave de la bande antérieure laisse le dixième antérieur du
bord externe noir : les deux taches qui constituent cette bande obliquement
transverse sont séparées. La tache externe de l'espèce d'arc reste parfois
isolée du rebord marginal ; la tache subponctiforme située au devant de
l'angle sutural reste isolée de la bordure apicale flave.

Var. A. Mais souvent la tache externe de la bande obliquement transverse s'unit à une étroite bordure marginale flave avancée jusqu'à l'angle
huméral ; et cette bordure se prolonge souvent, mais d'une manière moins
étroite, jusqu'à l'angle sutural, en sorte que les élytres ont sur les côtés

une bordure médiane flave, plus étroite ou nulle au côté externe du calus huméral.

Var. B. Les deux taches antérieures sont souvent unies, en formant une bande obliquement transverse, n'arrivant pas à la suture.

Var. C. Quand la couleur flave a pris plus d'extension par défaut de la matière colorante noire, la tache subponctiforme située un peu au devant de l'angle sutural se lie à la bordure apicale flave ; cette tache prend souvent alors la forme d'un triangle dont le sommet est dirigé en avant et ne laisse qu'un faible renflement sutural pour vestige de la partie noire qui le séparait de la bordure apicale flave.

Var. D. Quand la matière colorante noire a été moins abondante, la couleur flave ou d'un flave orangé est devenue la couleur dominante : les deux taches antérieures ne laissent plus de traces de leur forme primitive et constituent une bande obliquement transverse et étendue presque jusqu'à la suture et liée à une étroite bordure marginale flave avancée jusqu'à l'angle huméral ; la tache discale en forme d'arc a pris plus d'extension et se lie à une bordure marginale prolongée jusqu'au rebord de l'angle sutural et confondue avec la tache ovale située au-devant de l'angle sutural.

Les élytres sont alors d'un rouge flave ou d'un flave orangé, ornées chacune de divers signes noirs : 1° une bande basilaire prolongée jusqu'au calus huméral, ou seulement jusqu'à la fossette humérale, et isolée d'une petite tache noire sur le calus : cette bande basilaire transverse couvrant le sixième antérieur de la suture ; 2° une sorte de bande en forme d'arc plus ou moins grêle, dirigée en avant, offrant sa partie antérieure la plus avancée vers le tiers ou les deux cinquièmes antérieurs de leur longueur, lié à la bordure suturale vers la moitié de la longueur de celle-ci, un peu moins prolongée en arrière à l'extrémité de son côté externe qui ne joint pas le bord marginal ; un signe en forme d'équerre, composé d'une bande transverse, liée aux deux tiers de la bordure suturale, étendue jusqu'à la moitié de la largeur, unie presque à angle droit, à son extrémité externe, avec une branche un peu obliquement longitudinale prolongée jusqu'aux quatre cinquièmes de l'élytre.

Obs. Chez les variétés dont la couleur noire a plus sensiblement fait défaut, le prothorax offre parfois une ligne longitudinale d'un rouge flave ; les tarses et l'extrémité des jambes sont rougeâtres.

Kiesenw. Linn. Ent. t. V, p. 481.

Long., 0^m,0033 à 0^m,0036 (1 1/2 à 1 2/3 l.).

Corps ovalaire ou ovale oblong ; assez faiblement convexe ; pubescent. *Antennes* brunes avec la base flave. *Tête* noire ou brune, garnie d'un duvet grisâtre ou cendré grisâtre. *Prothorax* un peu incourbé aux angles de devant, élargi ensuite en ligne presque droite jusqu'aux angles postérieurs qui sont assez vifs et un peu plus ouverts que l'angle droit ; garni latéralement de cils livides, un peu relevés ; finement rebordé sur les deux tiers postérieurs, au moins des côtés et à la base ; plus large aux angles postérieurs qu'à ceux de devant ; médiocrement convexe ; finement pointillé ; noir, garni d'un duvet grisâtre, luisant, couché. *Écusson* en triangle un peu plus long que large ; noir ou brun ; pubescent. *Élytres* à peu près aussi larges (♀) ou un peu moins larges (♂) que le prothorax ; trois fois au moins aussi longues que lui ; rebordées et garnies de cils livides sur les côtés ; subparallèles jusqu'aux deux tiers, en ogive postérieurement ; faiblement convexes ; marquées d'une fossette humérale ; subruguleuses ; ponctuées, c'est-à-dire d'une manière très-sensiblement plus forte que le prothorax ; offrant, jusqu'à la moitié de leur longueur, les traces de quelques stries ou légers sillons ; garnies de poils mi-couchés, peu fins ou un peu grossiers, luisants, pruineux, d'un cendré flavescent, en partie presque sérialement disposés ; colorées et peintes comme il a été dit. *Repli* du prothorax brun, avec la partie interne souvent fauve. *Repli* des élytres ordinairement brun, parfois brunâtre. *Dessous du corps* noir, quelquefois avec les côtés et le dernier arceau du ventre fauves. *Ligne saillante* de chaque plaque du premier arceau ventral avancée, à son extrémité interne, en ligne presque droite ou un peu arquée en dehors, et obliquement longitudinale jusqu'au côté interne des hanches en faisant, avec le bord postérieur, un angle plus ouvert que l'angle droit. *Pieds* pubescents. *Cuisses* et *jambes* noires : *tarses* d'un rouge testacé.

Cette espèce habite principalement les zones tempérées ou froides de notre pays. On la trouve dans les environs de Paris et dans les provinces occidentales du nord de la France, et plus particulièrement en Allemagne.

Obs. L'*A. hispidulus* paraît, comme l'a remarqué M. Schiodte, n'avoir que dix articles aux antennes ; mais il est assez difficile de le constater.

M. de Kiesenwetter a décrit, sous le nom de *Heterocerus pruinosus*, un insecte ayant les élytres colorées et peintes comme celles de l'*hispidulus*. Si ce n'est que les deux sortes de bandes transversales noires situées, l'une vers la moitié, l'autre vers les trois quarts de leur longueur s'étendent depuis la bordure suturale jusqu'au bord marginal, au lieu de laisser ce bord flave. Le *pruinosus* diffère en outre de l'*hispidulus* par son prothorax non rétréci en devant.

Voici les phases diagnostiques données par ce savant pour caractériser les deux espèces :

Heterocerus pruinosus. *Oblongus, niger, pube pruinosa, flavo-grisea vestitus, prothorace antorsum haud angustati angulis posterioribus marginatis, elytris confertim punctatis, subrugulosis, seriatim subsetulosis, maculis fasciisque testaceis.* — Long., 1 3/4 à 2 l.

Heterocerus hispidulus. *Subovalis, leviter convexus, niger, pube pruinosa flavo-grisea vestitus, prothoracis antorsum angustati angulis posterioribus marginatis, elytris confertim punctatis, subrugulosis, seriatim setulosis, margine, fasciis punctisque testaceis.*

Kiesenw. Linn. Entom. t. V, p. 287, 11.

Patrie : l'Allemagne.

M. de Kiesenwetter avait sans doute confondu auparavant les deux espèces, car, dans la description de son *H. hispidulus* (Germar, *Zeitsch.* t. IV, p. 211, 8), il dit le prothorax non rétréci en devant (*nach vorn nicht verengt*).

Le caractère d'avoir le prothorax plus étroit en devant serait donc réellement le seul qui distinguerait l'*hispidulus* du *pruinosus* : car pour ce qui regarde le bord extérieur, il est flave ou bien les parties noires s'étendent jusqu'à lui, suivant le développement de la matière colorante.

Chez tous les exemplaires qui nous ont été communiqués sous le nom de *pruinosus*, le prothorax s'est montré plus étroit à ses angles de devant qu'aux postérieurs, le dessin des élytres, à part l'extension variable des parties noires, était si pareil, et les plaques abdominales avaient une conformation si semblable, que le *pruinosus* ne nous semble pas différer spécifiquement de l'*hispidulus*.

Près de l'*A. hispidulus* paraît devoir se placer :

Heterocerus intermedius, KIESENW. GERM. Zeit. t. IV, p. 208, pl. 3, fig. 6. — ERICHS. Naturg., t. III, p. 546, 6. — STURM, Deutsch. Faun. t. XXIII, p. 61, 6, pl. CCCCXVIII, fig. B. — SCHIODTE, Naturh. Tidiskr. 3e série, t. IV (1866), p. 166.

Heterocerus intermedius, KIESENWETTER.

Cet insecte, que nous ne connaissons pas, a, suivant M. Schiodte, les plaques abdominales complétement fermées, et rentre par conséquent dans le genre AUGYLE.

Suivant M. de Kiesenwetter, il est intermédiaire entre l'*H. marginatus* et *hispidulus*.

Corps ovalaire, fortement convexe. *Tête* couverte d'une pubescence fine et jaunâtre. *Prothorax* plus étroit que les élytres, rétréci en devant ; rebordé aux angles postérieurs et à la base ; finement ponctué ; garni d'une pubescence très-fine et peu serrée. *Élytres* un peu arquées sur les côtés, à peine élargies postérieurement ; assez fortement, mais peu densement ponctuées, brunes, parées chacune de divers signes flaves : 1° une bande un peu obliquement transverse, naissant du dixième antérieur du bord marginal, couvrant ce bord jusqu'au tiers au moins de sa longueur ; étendue jusqu'aux trois cinquièmes externes de la largeur d'une élytre ; 2° une tache arrondie, située entre le côté interne de cette bande et la suture ; 3° une bordure marginale naissant des deux cinquièmes de leur longueur, presque liée au côté marginal de la bande précitée et prolongée presque jusqu'à l'angle sutural ; 4° une bande arquée ou une sorte d'arc situé sur le disque, plus grêle que celui de l'*H. marginatus*, lié extérieurement à la bordure marginale, rétréci en pointe et plus prolongé en arrière à son côté interne, et non étendu jusqu'à la suture ; 5° une tache aux cinq sixièmes de leur longueur, voisine de la suture ; couverte d'une pubescence fine, légèrement jaunâtre, mais plus visiblement mi-dorée sur les lignes flaves : cette pubescence plus forte sur les côtés et à l'extrémité, parsemée surtout à cette dernière de quelques poils relevés.

Long., 0^m,0039 (1 3/4 l.).

Patrie : le nord de l'Allemagne.

2. Augyles marmota, Kiesenwetter.

Oblong , médiocrement convexe ; noir et pubescent en dessus. Prothorax rebordé aux angles postérieurs et plus large à ceux-ci qu'aux antérieurs ; ordinairement paré d'une ligne médiane ou d'une tache anté-scutellaire d'un rouge flave. Élytres parées de divers signes de cette couleur : 1° une bande obliquement longitudinale, naissant de l'épaule et prolongée jusqu'au tiers ; 2° une tache juxta-suturale, vers le tiers ; 3° un arc transverse dirigé en avant vers la moitié ; 4° une tache juxta-suturale aux cinq sixièmes ou plus, ordinairement unie postérieurement à une bordure apicale. Dessous du corps noir, pubescent. Pieds d'un rouge fauve ou testacé.

Heterocerus marmota, Kiesenw. Stett. Entom. Zeit. 1850, p. 224. — *Id.* Linn. Ent. t. V (1851), p. 295, 28. — J. du Val, Gener. t. II, p. 67, fig. 335. — Gemm. et Harold, Catal. t. III, p. 940.

État normal. *Élytres* noires, parées chacune de diverses taches d'un rouge flave, d'un flave testacé ou d'un flave orangé : 1° une bande un peu obliquement longitudinale, naissant de l'épaule, un peu élargie d'avant en arrière, prolongée au moins jusqu'au tiers, en s'écartant un peu du bord externe, un peu étendue à son angle postéro-interne presque jusqu'à la moitié externe de la largeur d'un étui ; 2° une tache sublinéaire ou elliptique, voisine de la bordure suturale, prolongée du cinquième aux deux cinquièmes ou trois septièmes de leur longueur ; 3° un arc sur le disque, dirigé en avant, denté, offrant sa partie la plus avancée vers la moitié de leur longueur, plus prolongé en arrière à son côté externe qu'à l'interne; joignant à celui-ci la bordure suturale noire et lié au bord externe à son côté extérieur ; 4° une tache joignant la bordure suturale aux six septièmes de leur longueur, souvent unie postérieurement à la bordure apicale d'un rouge flave.

Obs. Quand la matière noire s'est incomplétement développée, la couleur d'un rouge flave a pris plus d'extension.

Var. A. La tache juxta-scutellaire s'unit parfois à l'angle postéro-interne de la bande naissant de l'épaule.

Var. B. La bordure suturale noire se montre très-étroite, depuis le quart presque jusqu'à l'extrémité.

Var. C. La tache juxta-suturale située aux six septièmes s'unit par sa partie postérieure à la bordure d'un rouge pâle couvrant l'extrémité, et cette bordure se lie elle-même sur les côtés, avec le bord postérieur de la tache en forme d'arc.

Obs. Les élytres semblent souvent alors d'une couleur foncière d'un rouge flave ou livide, marquées de divers signes noirs : 1° d'une tache basilaire, juxta-scutellaire, prolongée au moins jusqu'au cinquième de leur longueur ; 2° d'une bordure suturale réduite ensuite au rebord ou presque nulle, et à peine renflée à l'angle sutural ; 3° d'une sorte de bande transversale noire, et située un peu avant la moitié et en forme d'arc dirigé en avant ; 4° de deux taches ovales, liées dans leur milieu, obliquement dirigées des trois cinquièmes de la bordure suturale vers les trois quarts du bord externe.

Long., 0m,0020 à 0m,0028 (9/10 à 1 1/4 l.).

Corps oblong ; médiocrement convexe ; pubescent en dessus. *Antennes* flaves à la base, avec la massue brune ou parfois d'un testacé brunâtre. *Tête* noire, garnie d'un duvet gris ou obscur. *Prothorax* élargi en ligne courbe jusqu'au tiers de ses côtés, plus faiblement arqué ensuite jusqu'aux angles postérieurs ; rebordé, subarrondi ou presque rectangulairement ouvert à ceux-ci ; plus large à ces derniers qu'aux antérieurs ; à peine cilié latéralement ; convexe ; finement pointillé ; garni d'un duvet gris ou obscur ; noir, ordinairement paré d'une ligne médiane d'un rouge livide, parfois réduite à un signe ou tache antéscutellaire, et quelquefois même peu distincte chez les individus fortement colorés. *Écusson*, petit, plus long que large, noir, pubescent. *Élytres* à peu près aussi larges en devant que le prothorax ; près de trois fois aussi longues que lui ; subparallèles jusqu'aux deux tiers ; arrondies, prises ensemble à l'extrémité ; médiocrement convexes ; marquées d'une faible fossette humérale ; moins finement ponctuées que le prothorax ; garnies d'un duvet assez court, cendré, luisant ; colorées et peintes comme il a été dit. *Repli prothoracique* fauve ou d'un fauve testacé : celui des élytres fauve ou obscur. *Dessous du corps* pubescent ; noir, avec les côtés du ventre ou du moins la partie postérieure de ceux-ci d'un rouge testacé, parfois obscur. *Ligne saillante* de chaque plaque abdominale remontant, à son extrémité interne, du bord postérieur du premier arceau ventral vers le bord interne des trochanters. *Pieds* d'un rouge fauve ou d'un rouge testacé parfois un peu obscur.

Cette espèce paraît être exclusivement méridionale. Nous l'avons reçue de M. de Kiesenwetter, comme provenant des bords du Test, dans les environs de Perpignan.

Obs. Elle se distingue aisément de l'*A. hispidulus* par sa petite taille ; par son prothorax paré d'une ligne ou tache d'un rouge pâle sur sa ligne médiane ; par le dessin de ses élytres ; par ses pieds d'un rouge testacé.

3. Augyles minutus, Kiesenwetter

Oblong : garni d'un duvet court, grisâtre ou cendré grisâtre en dessus. Prothorax finement rebordé aux angles postérieurs et à la base, brun, avec les côtés d'un flave rougeâtre et la partie postérieure au moins de la ligne médiane de même couleur. Élytres d'un flave pâle, ornées d'une bordure suturale et chacune de divers signes bruns ou brunâtres : la bordure suturale tantôt étendue jusqu'à la fossette humérale, et constituant jusqu'à la moitié une tache scutellaire brune, enclosant une tache flave juxta-suturale du cinquième aux deux cinquièmes ; tantôt plus ou moins étendue sur la base et rétrécie de ce point jusqu'au tiers, suivie d'une bande transverse brune ; 2° une bande transverse brune liée aux deux tiers de la suture et avancée en pointe à son angle antéro-externe, et prolongée en pointe au postéro-externe ; 3° souvent une bordure apicale brune.

Heterocerus minutus (Dejean), Catal. (1821), p. 50. — *Id.* 3ᵉ édit. p. 146. — Kiesenw. Germ. Zeit. t. IV, p. 213, 10. — Sturm. Deutsch. Faun. t. XXIII, p. 77, 12. — L. Redtenb. Faun. Austr. p. 416. — Gemm. et Harold, Catal. t. III, p. 940.

État normal. *Élytres* d'un flave livide ou d'un blanc flavescent, offrant chacune divers signes bruns ou brunâtres : 1° une bordure suturale commune, constituant en devant une tache carrée, étendue sur la base jusqu'à

la fossette humérale, prolongée presque jusqu'à la moitié de leur longueur
sur une largeur égale, en enclosant, près de la suture, du cinquième aux
deux cinquièmes, une tache flave oblongue : la bordure suturale réduite
ensuite au cinquième environ de la largeur sur chaque élytre et prolongée
en se rétrécissant un peu graduellement jusqu'à l'extrémité ; 2° une bande
transverse liée à la bordure suturale, vers les deux tiers ou un peu plus
de la longueur de celle-ci, étendue jusqu'à la moitié de la largeur, avancée
en pointe à son angle antéro-externe et prolongée en pointe dirigée en
arrière à son angle postéro-externe ; 3° une bordure apicale avancée à son
extrémité externe, vers la pointe de l'angle postéro-externe de la bande
précédente, en enclosant, d'une manière souvent incomplète, une tache
ovalaire flave.

Var. **A.** Quand la tache brune ou brunâtre s'est développée avec abondance, la tache ovalaire ou oblongue pâle, située près de la suture, du
cinquième aux deux cinquièmes, est parfois très-réduite ou nulle.

Var. **B.** Élytres ornées d'une bordure suturale commune et de divers
signes bruns ou brunâtres : la bordure suturale étendue sur la base jusqu'à
l'angle huméral ou presque jusqu'à lui, graduellement rétrécie de ce point
jusqu'au tiers environ de la longueur, en laissant subsister la tache ovalaire
flave, juxta-suturale, située du cinquième aux deux cinquièmes de leur
longueur ; offrant en outre : 1° une bande transverse, liée à la bordure
suturale vers les deux cinquièmes, et non étendue jusqu'au bord externe ;
2° une bande transverse liée à la bordure suturale vers les deux tiers,
étendue jusqu'à la moitié de la largeur ; anguleusement avancée à son
angle antéro-externe, et prolongée en pointe à son angle postéro-externe ;
3° une bordure apicale, souvent nulle ou très-réduite.

Heterocerus minutus, Kiesenw. Germ. Zeit. t. IV, p. 213, 10.

Obs. Dans cette variété, la tache scutellaire a pris sur la base une
extension plus grande, et, par contre, elle s'est rétrécie de l'épaule jusqu'au tiers, et la partie postérieure de la tache scutellaire carrée a constitué
une bande transverse.

Var. **C.** Quelquefois, la première bande précitée de la variété précédente, émet à son angle postéro-externe, parallèlement au bord externe
un appendice linéaire et longitudinal, prolongé jusqu'aux deux tiers.

Heterocerus minutus, Kiesenw. loc. cit. pl. 3, fig. 19.

Var. D. Presque semblable à la variété B. Mais ici la bordure suturale s'étend seulement sur la base jusqu'à la fossette humérale, et se rétrécissant davantage de ce point jusqu'au tiers de la longueur des étuis, annihile la tache flave juxta-suturale, située du cinquième aux deux cinquièmes.

Heterocerus minutus, Sturm, loc. cit. pl. CCCCXX, fig. C.

Var. E. Élytres d'un blanc flavescent, parées d'une bordure suturale parfois n'atteignant pas l'angle sutural, et de trois signes bruns ou brunâtres liés à cette bordure et étendus jusqu'à la moitié de la largeur : 1º une tache scutellaire carrée, quelquefois un peu isolée de la base ; 2º une bande liée à la bordure suturale vers les deux cinquièmes de sa longueur, élargie de dedans en dehors ; 3º une bande pareille, liée à la bordure suturale vers les deux tiers.

Obs. Quelquefois la bordure suturale est nulle après la tache scutellaire, ou réduite à une ligne juxta-suturale liant la première bande à la deuxième.

Heterocerus flavescens, Schaufuss, Sitz. Berichte d. Naturw. Gesells. Isis (1863) p. 116.

Obs. On peut encore ici reconnaître l'état normal altéré. La bande située vers les deux cinquièmes, élargie de dedans en dehors, en avançant un peu son angle antéro-externe, reconstituerait la tache flave enclose près de la suture, du cinquième aux deux cinquièmes.

Var. F. Élytres d'un blanc flavescent, ornées d'une bordure suturale et de divers signes bruns ou brunâtres : 1º une bordure suturale souvent non prolongée jusqu'à l'angle sutural ; 2º une tache scutellaire ; 3º une bande transverse située vers les deux cinquièmes ; 4º une ligne située sur le disque vers les deux tiers, représentant l'extrémité de la deuxième bande.

Var. G. Élytres d'un blanc flavescent, avec une tache scutellaire brune ou brunâtre.

Obs. Le prothorax est largement d'un flave rougeâtre sur les côtés, d'un rouge brunâtre sur le disque, avec une trace rougeâtre plus ou moins distincte sur la partie postérieure de la ligne médiane.

Var. I. Élytres entièrement d'un blanc flavescent.

Scarabaeus flavidus, Rossi, Faun. Etr. Mant. t. II, Append. p. 79, 3.
Heterocerus flavidus, Kiesenw. Germ. Zeit. t. IV, pl. 214, 11. — Gemm. et Harold,
 Catal. t. III, p. 939.
Heterocerus flavescens, var. *pallescens*, Schaufuss, loc. cit.

Long., 0^m,0030 (2/5 l.).

Corps oblong ; peu convexe ; pubescent. *Antennes* fauves ou d'un testacé brunâtre , avec la base d'un flave livide. *Tête* ordinairement brune, quelquefois en partie testacée , ou d'un testacé brunâtre ; garnie d'un duvet court et grisâtre. *Prothorax* élargi d'abord en ligne courbe aux angles de devant , puis en ligne droite jusqu'aux angles postérieurs, qui sont presque rectangulairement ouverts ; cilié latéralement ; finement rebordé sur les deux tiers postérieurs des côtés et à la base ; une fois environ plus large dans son diamètre transversal le plus grand que long sur sa ligne médiane ; finement pointillé ; garni d'un duvet grisâtre ou obscur ; brun, avec les côtés d'un flave livide ou testacé, paré sur la ligne médiane d'une étroite bande d'un rouge livide ou testacé, souvent réduite à une tache antéscutellaire. *Écusson* en triangle plus long que large ; brun ; pubescent. *Élytres* à peine aussi larges en devant que le prothorax, surtout chez la ♀ ; trois fois environ aussi longues que lui ; subparallèles jusqu'aux deux tiers ; arrondies postérieurement, prises ensemble, finement ciliées et rebordées latéralement ; médiocrement convexes ; marquées d'une faible fossette humérale ; presque aussi finement pointillées que le prothorax ; à peu près sans traces de stries ; garnies d'un duvet cendré ou cendré grisâtre, fin, couché, court et luisant ; colorées et peintes comme il a été dit. *Repli* du prothorax et des élytres ordinairement d'un flave livide. *Dessous du corps* habituellement d'un flave testacé sur l'antépectus ; brun sur les médi et postpectus, testacé ou d'un rouge flave ou testacé sur le ventre, garni d'un duvet cendré ou cendré grisâtre sur la poitrine, d'un cendré ou livide flavescent sur le ventre. *Ligne saillante* de la plaque du premier arceau ventral prolongée en ligne un peu courbe depuis l'angle antéro-externe jusqu'au douzième externe du bord postérieur qu'elle suit jusqu'au niveau du côté externe du prolongement des hanches, puis avancée en ligne droite et obliquement longitudinale jusqu'au côté interne du dit prolongement. *Pieds* pubescents ; d'un flave livide ou testacé.

Cette petite espèce se trouve dans les sables des bords du Rhône où elle n'est pas rare. Elle habite aussi le midi de la France du côté de Perpignan, et l'Espagne.

Obs. Les élytres, sur leur page inférieure, n'offrent aucune ligne de points bien prononcée.

Obs. Elle se distingue sans peine de l'*A. marmota* par son prothorax bordé de rouge flave ou rouge pâle sur les côtés ; par ses élytres offrant, malgré les variations de leur dessin, vers les deux tiers de leur longueur, une bande transverse, prolongée en pointe en avant et en arrière, à ses angles antéro-externe et postéro-externe, au lieu d'être en zig-zag ; avancé en angle en avant et en arrière, vers la moitié de sa largeur.

L'*A. minutus* offre, comme on a vu, des élytres dont le dessin est très-variable, suivant le développement de la matière brune. Une étude spéciale, faite sur un grand nombre d'individus, de localités diverses, serait peut-être nécessaire pour décider si plusieurs espèces ne se trouvent pas confondues sous la même dénomination spécifique.

Rossi a peut-être, le premier, connu cette espèce ; mais son *Scarabaeus flavidus*, s'il appartient à notre *A. minutus*, n'en est qu'une des variétés les plusaltérées.

Peut-être faut-il rapporter à une des variétés du *minutus*, le

Heterocerus curtulus, Fairmaire, *oblongus parum convexus, fuscus, cinero-pubescens ; prothorace brevi, angulis posticis marginatis ; elytris subtiliter punctatis, sublineatis, vage nebulosis, pedibus ferrugineis.*

Long., 0ᵐ,0025 (1 1/6 l.).

Patrie : l'Algérie.

Faut-il enfin rapporter encore à l'une des variations du *minutus*, l'*Heterocerus maritimus* de M. Guerin dont voici la description :

Corps assez convexe et d'un brun noirâtre assez foncé, couvert d'un duvet gris et serré. *Corselet* plus large que les élytres. *Mandibules* et *antennes* fauves : côtés du corselet et une ligne longitudinale médiane de même couleur. *Élytres* ponctuées ; paraissant, vues à la loupe, assez fortement rugueuses, avec quelques traces de côtes. Elles ont chacune deux faibles bandes obliques et l'extrémité d'un brun fauve, peu visible. *Dessous du corps* noirâtre, avec la bouche, les côtés du corselet et les *pattes* fauves?

Heterocerus maritimus, Guérin, Iconogr. du Règn. anim. p. 69.

Patrie : les bords de l'Océan.

A ce genre se rattache l'espèce suivante :

Augyles sericans, Kiesenwetter ; *oblong ; peu convexe ; brun et garni en dessus d'un duvet court, pruineux, d'un cendré jaunâtre. Prothorax rebordé à ses angles postérieurs. Élytres ordinairement brunes, parées chacune de divers signes flaves : 1° une bordure marginale prolongée presque jusqu'à l'angle postérieur, mais presque nulle au côté de l'épaule ; 2° une bande obliquement transverse couvrant le bord externe du dixième aux deux tiers ou deux cinquièmes, étendue jusqu'à la moitié de leur largeur ; 3° une tache entre cette bande et la suture ; 4° une bande obliquement arquée, formée de deux taches : l'interne sur le disque, aux quatre septièmes : l'externe plus postérieure, liée à la bordure marginale ; 5° une tache liée postérieurement à la bordure apicale. Les élytres paraissant parfois d'un flave testacé, parées de trois bandes brunâtres liées à la suture et non étendues jusqu'au bord externe : la postérieure, anguleuse en avant et en arrière.*

Heterocerus sericans, Kiesenw. Zeit. t. IV, p. 212, 9, pl. 3, fig. 8. — *Id.* t. V, p. 481. — Erichs. Naturg. t. III, p. 550, 11. — Sturm, Deutsch. Faun. t. XXIII, p. 75, 11, pl. CCCCXX, fig. A. — Gemm. et Harold, Catal. t. III, p. 941.

État normal. *Élytres* brunes ou d'un brun noir, parées chacune de diverses marques flaves : 1° une bordure marginale très-étroite sur le côté externe du calus huméral et prolongée jusqu'à l'angle sutural ; 2° une bande ou tache obliquement longitudinale, liée à la bordure marginale du dixième aux deux cinquièmes de leur longueur, plus oblique à son bord antérieur qu'au postérieur, étendue depuis le bord externe jusqu'à la moitié de la largeur ; 3° une tache ovale, un peu obliquement longitudinale, rapprochée de la suture, du cinquième aux deux cinquièmes de leur lon-

gueur ; 4° une sorte de bande obliquement transverse, arquée en devant,
formée de la réunion de deux taches : l'interne, ovale, rapprochée de la
suture, des quatre septièmes aux trois cinquièmes de leur longueur :
l'externe, parallèle à la bordure marginale, liée ou presque liée à celle-ci,
des trois cinquièmes aux trois quarts de leur longueur ; 5° une tache
ovale, rapprochée de la suture aux cinq sixièmes de leur longueur, ordinairement liée à la bordure apicale flave.

Obs. Quand la matière noire s'est incomplétement développée, la couleur foncière passe au brun grisâtre et se trouve plus ou moins restreinte.

Ainsi, dans l'un des états les plus imparfaits, la couleur foncière semble
être le flave testacé, et les parties noires, brunes ou brunâtres, ne semblent
que les accessoires.

Var. B. Élytres d'un flave testacé, ornées d'une bordure suturale plus
ou moins étroite et de trois bandes transverses brunes ou d'un brun grisâtre : la première, liée à la base ou s'en détachant en partie, étendue
depuis l'écusson jusqu'à la fossette humérale ou un peu plus : la deuxième
liée à la bordure suturale des deux septièmes aux quatre septièmes, étendue depuis la suture jusqu'aux trois quarts de l'élytre : la troisième liée à
la suture, vers les trois quarts ou quatre cinquièmes, avancée en angle
à son bord antérieur vers les deux cinquièmes internes de la largeur, et
prolongée, en angle dirigé en arrière, vers la moitié de la largeur à son
bord postérieur, puis remontant vers le bord externe qu'elle n'atteint pas.

Obs. Dans cette variété par défaut, le prothorax est largement bordé de
chaque côté, de rouge flave, et la ligne médiane est aussi plus largement
de cette couleur.

Long., 0^m,0022 à 0^m,0028 (1 à 1 1/4 l.).

Corps oblong ou ovale oblong ; faiblement convexe, brun ; garni en
dessus d'une pubescence courte, pruineuse, d'un blanc cendré ou d'un
blanc flavescent. *Antennes* d'un flave rouge à la base, à massue brune.
Tête brune, à partie antérieure d'un rouge flave. *Prothorax* élargi en
ligne courbe, plus sensiblement sur le tiers antérieur que sur le reste des
côtés ; cilié latéralement, rebordé aux angles postérieurs et à la base ; médiocrement convexe ; finement pointillé ; brun, avec les côtés parés d'une

bordure flave ou d'un rouge flave et d'une tache sublinéaire de même couleur sur le tiers postérieur de sa ligne médiane ; garni d'un duvet très-court. *Écusson* en triangle plus long que large ; brun, pubescent. *Élytres* aussi larges en devant que le prothorax ; rebordées et faiblement ciliées sur les côtés ; subparallèles jusqu'aux deux tiers ; arrondies, prises ensemble postérieurement ; faiblement convexes, marquées d'une fossette humérale ; aussi finement pointillées que le prothorax ; garnies d'un duvet très-court, pruineux, luisant, peu épais, d'un blanc cendré ou flavescent ; colorées et peintes comme il a été dit. *Repli du prothorax* et celui des *élytres* d'un flave rougeâtre. *Dessous du corps* garni d'un duvet fin et cendré ; brun, avec le ventre bordé de flave rougeâtre : antépectus souvent, au moins en partie, d'un testacé flavescent. *Ligne saillante* de chaque plaque du premier arceau ventral remontant à son extrémité interne vers les hanches. *Pieds* brièvement pubescents, flaves ou d'un flave rougeâtre.

Cette espèce se trouve en Suisse, en Autriche et diverses autres parties de l'Allemagne. Nous l'avons reçue de Silésie, de M. de Kiesenwetter. Nous ignorons si elle a été prise en France.

TABLEAU DES SPINIPÈDES

PLANCHE 2

Fig. 18. Hétérocère.
19 Larve.

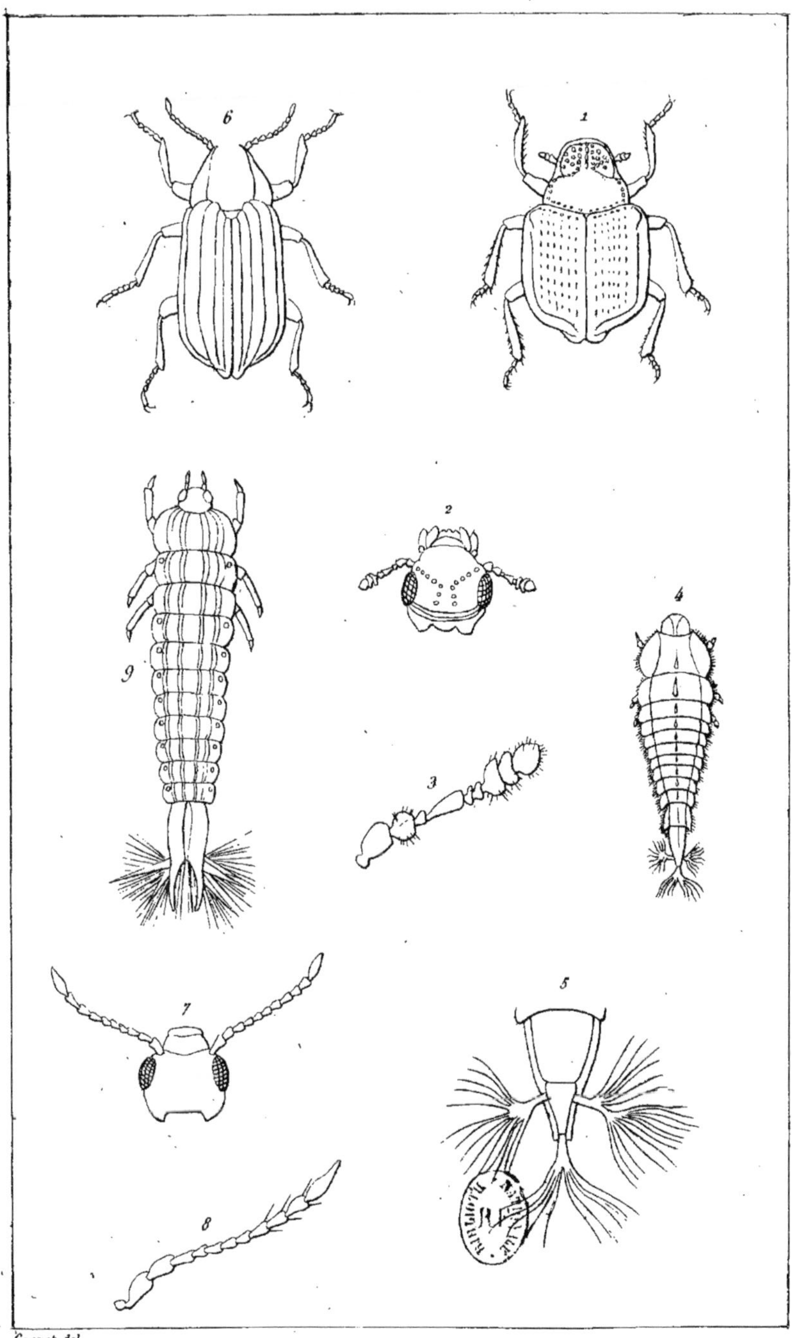

Coquet. del.

Fugère. Imp.

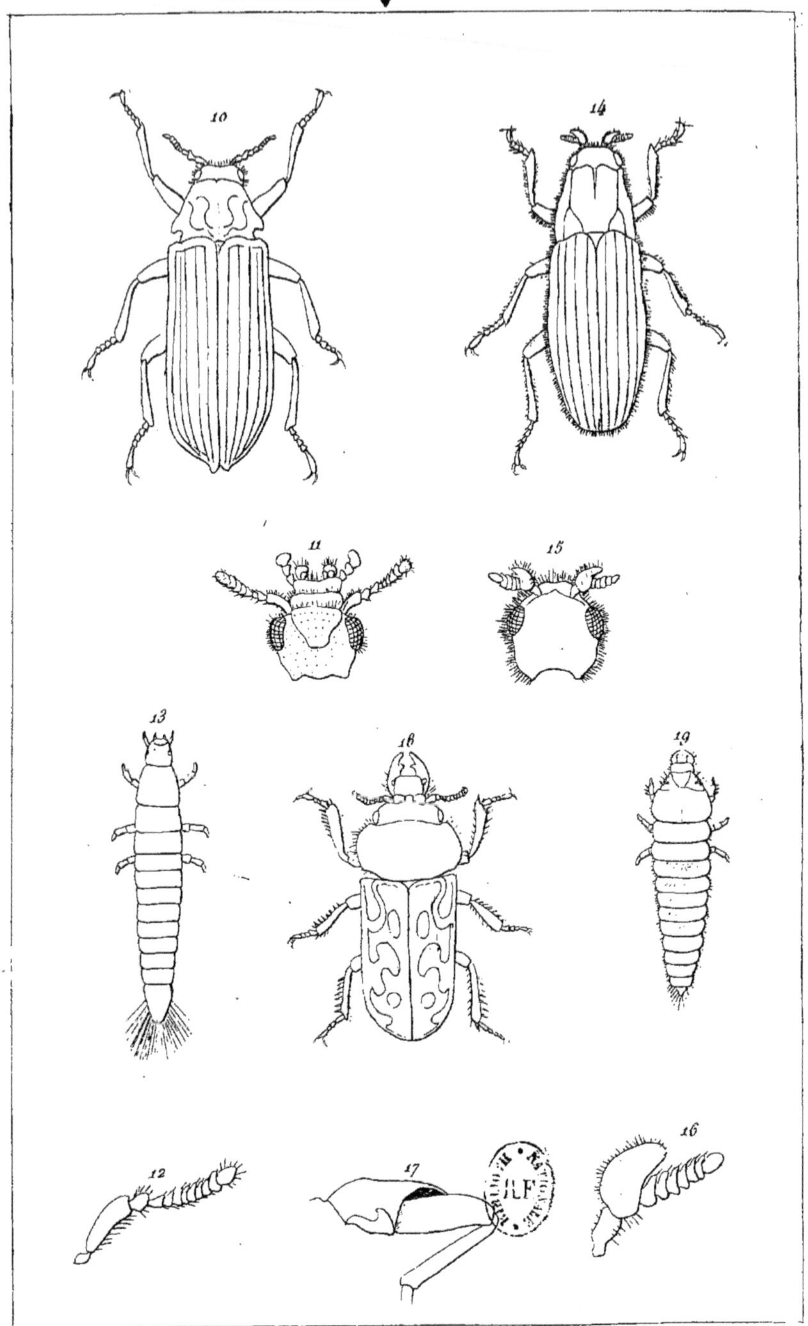

Coquet. del.

Imp. Fugère - Lyon.

OUVRAGES DU MÊME AUTEUR

HISTOIRE NATURELLE DES COLÉOPTÈRES DE FRANCE.

— PALPICORNES. *Paris*, 1844. 1 vol. in-8.
— SULCICOLLES. — SÉCURIPALPES. *Paris*, 1846. 1 vol. in-8.
— LATIGÈNES. *Paris*, 1854. 1 vol. in-8.
— PECTINIPÈDES. *Paris*, 1855. 1 vol. in-8.
— BARBIPALES. — LONGIPÈDES. — LATIPENNES. *Paris*, 1856. 1 vol. in-8.
— VÉSICANTS. *Paris*, 1857. 1 vol. in-8.
— ANGUSTIPENNIS. *Paris*, 1858. 1 vol. in-8.
— COLLIGÈRES. 1866. 1 vol. in-8, avec REY.
— ROSTRIFÈRES. *Paris*, 1859, 1 vol. in-8.
— ALTISIDES, par C. Foudras. *Paris*, 1859-60. 1 vol. in-8.
— MOLLIPENNES. *Paris*, 1862. 1 vol. in-8.
— LONGICORNES. 2e édit. 1862-1863. 1 vol. in-8.
— ANGUSTICOLLES. — DIVERSIPALPES. 1 vol. in-8, avec REY.
— TÉRÉDILES. 1864. 1 vol. in-8, avec REY.
— FOSSIPÈDES et BRÉVICOLLES. 1865. in-8, avec REY.
— SCUTICOLLES. 1867, in-8, avec REY.
— VÉSICULIFÈRES. 1867. 1 vol. in-8, avec REY.
— FLORICOLES. 1868. In-8, avec REY.
— GIBBICOLES. 1868. 1 vol. in-8, avec REY.
— PILULIFORMES. 1869. 1 vol. in-8, avec REY.
— LAMELLICORNES. — PECTINICORNES. 1871. In-8, avec REY.

(HÉTÉROMÈRES.)

SPÉCIÈS DES TRIMÈRES SÉCURIPALPES. *Lyon*, 1850-1851. Grand in-8.
MONOGRAPHIE DES COCCINELLIDES. 1866, in-8.
OPUSCULES ENTOMOLOGIQUES, grand in-8.

— 1er cahier. 1852. Mémoires divers.
— 2me cahier. 1853. Id.
— 3me cahier. 1853. Coccinellides.
— 4me cahier. 1853. Parvilabres.
— 5me cahier. 1854. Id.
— 6me cahier. 1855. Mémoires divers.
— 7me cahier. 1856. Id.
— 8me cahier. 1858. Id.
— 9me cahier. 1859. Parvilabres, etc.
— 10me cahier. 1859. Parvilabres.
— 11me cahier. 1859-60 Mémoires divers.
— 12me cahier. 1861. Id.
— 13me cahier. 1863. Id.
— 14me cahier. 1870. Id.

COURS D'HISTOIRE NATURELLE. *Paris*, 1868, 3e édit. (Zoologie). — 1869, 3e édit. (Physiologie). — 1869, 3e édit. (Géologie).
HISTOIRE NATUR. DES PUNAISES DE FRANCE. — SCUTELLÉRIDES. 1865. In-8. — PENTATOMIDES. 1866. In-8. — CORÉIDES, etc. in-8, avec Rey, 1870.
ESSAI D'UNE CLASSIFICATION DES TROCHILIDÉS. 1866. In-8, av. MM. Verreaux.
LETTRES A JULIE SUR L'ORNITHOLOGIE. *Paris*, 1868. Grand in-8. Fig. col.
LETTRES A JULIE SUR L'ENTOMOLOGIE, 2 vol. in-8.
SOUVENIRS DU MONT PILAT. 1870. 2 vol. in-18.

SOUS PRESSE : BRÉVIPENNES. (Suite.) — PUNAISES DE FRANCE (REDUVISTES). — OPUSCULES, 15e cahier.

EN SOUSCRIPTION

HISTOIRE NATURELLE

DES

OISEAUX-MOUCHES

OU

COLIBRIS

CONSTITUANT LA FAMILLE DES TROCHILIDÉS

PAR

E. MULSANT ET FEU ED. VERREAUX

OUVRAGE PUBLIÉ PAR LA SOCIÉTÉ LINNÉENNE DE LYON

Cet ouvrage, imprimé sur très-beau papier, fabriqué exprès par MM. Filliat Frères, de Rives, et avec des caractères neufs, formera quatre volumes grand in-4 raisin, de 300 à 320 pages chacun, accompagnés de planches dessinées d'après nature par d'excellents artistes, et coloriées avec soin.

Chaque volume sera publié en quatre livraison de dix feuilles environ, et de quatre ou cinq planches par livraison, pour offrir un représentant des principaux genres, ou les deux sexes des espèces, quand il sera nécessaire.

Le prix de la livraison est de 7 fr., planches noires, et 12 fr. 50 avec planches coloriées.

La Société publierait cette *Histoire* avec des planches pour chaque espèce de ces oiseaux, si elle trouvait, à 2 fr. 50 par planche coloriée, un nombre suffisant de souscripteurs pour couvrir les frais.

LYON. — IMPRIMERIE PITRAT AÎNÉ, RUE GENTIL, 4.

9 782013 490511